竹島紀事

죽도기사 3-2

竹島紀事

죽도기사 3-2

권 정 | 오오니시 토시테루 편역주

KSI 한국학술정보[주]

HONG-TAE.KIM

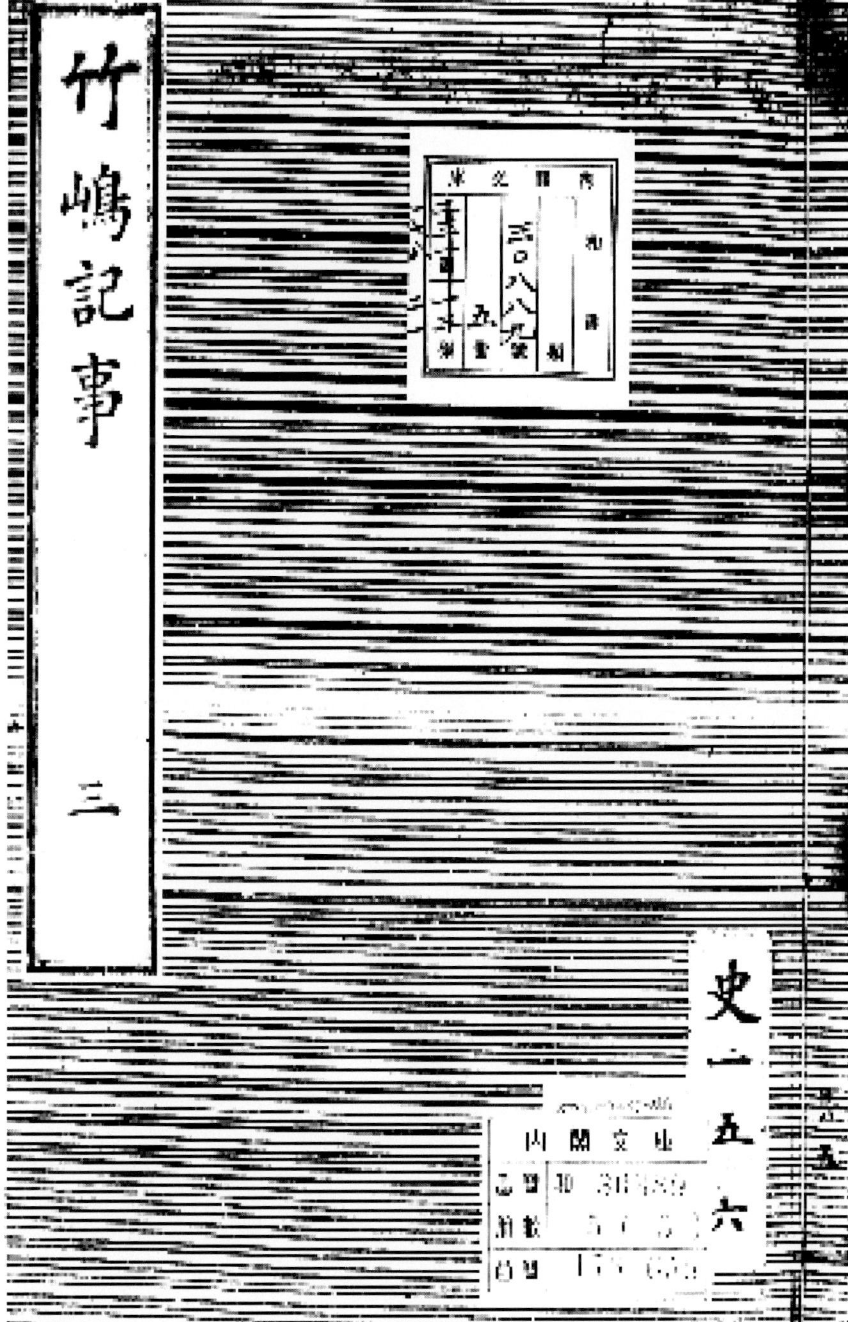

竹嶋記事

三

竹島記事

三

목차

일러두기 / 11
서문 / 13

大綱三七段(元禄八年十月) ··19
(37-00) 10월, 소우요시자네의 에도 행, 죽도일건에 관해 조선으로부터 받은 반한의 사본을 장군에게 전함
(37-01) 11월 25일, 히라다 나오에몬이 분고노카미사마의 어용인인 미사와 요시자에몬에게 요시자네가 보낸 구상을 전함. 대조선책으로 세 가지 안을 제안
(37-02) 11월 28일, 분고노카미사마 측에 나오에몬 참상. 죽도에 일본어민이 도해하게 된 경위와 임진왜란 후 죽도가 일본의 섬이 되었다는 주장
(37-03) 여지승람과 지봉유설의 죽도 관련 부분 발서
(37-04) 12월 6일 분고노카미사마 측에 나오에몬 참상. 구상서를 한 권의 장부로 정리해 제출함
(37-05) 11월 25일과 28일의 구상서 및 각서 2통을 정리한 내용
(37-06) 12월 7일, 분고노카미사마 측에 나오에몬이 참상하여, 요시자에몬에게 항목별로 수정한 구상서를 제출함
(37-07) 12월 11일, 나오에몬은 요시자에몬을 대면하고, 요시자네의 강경론과는 다른 자신의 입장을 밝힘 일본어민의 죽도 도해금지 방안을 제안함
(37-08) 12월 15일, 분고노카미는 조선과 평화관계를 원한다며, 양국에서 어민의 도해를 금하는 방안을 제안함
(37-09) 12월 20일, 분고노카미사마 측에 나오에몬이 참상하여, 강경책과 융화책 중 어느 방안을 선택할 것인가를 타진함
(37-10) 나오에몬이 막각 세력들에게도 두 안 중 어느 안을 택하는 것이 좋은지, 의견을 구하고 싶다고 발언함
(37-11) 12월 24일, 분고노카미가 나오에몬의 생각을 재차 확인함. 즉 융화안을 택해야 한다는 그의 의견에 찬성함
(37-12) 분고노카미가 요시자네에게 서부를 보내, 언제 조선에 사자를 파견할 것인지 질의함
(37-13) 이에 대해 요시자네는 3월 하순에서 4월 중에 사자를 보내고 싶다는 생각을 전함

일러두기

1. 本『죽도기사』는 国立公文書書館内閣文庫 화30889, 함호 178-659를 저본으로 했음.
1. 본서의 번각문은 죽도문제연구회의『죽도문제관조사연구』를 참고로 하여 오오니시 토시테루와 권정이 확인과 검토하여 일부는 수정하였음.
1. 본서의 현대일본어역과 주는 오오니시 토시테루의 작업임.
1. 본서의「죽도」가「울릉도」를 의미할 경우는「울릉도」를 병기하지 않는 것을 원칙으로 함. 또 본문 중의「일한」이나「한일」,「일조」,「조일」등의 표현은 일본과 조선(한국)의 관계를 설명하기 위한 표현일 뿐, 우선권을 인정하는 것은 아님.
1. 고문서와 번각문과 현대일본어를 병기하는 이역이나 보다 좋은 해석이 나올 수 있는 경우를 상정한 구성임.
1. 일본어표기는 원음에 가까운 표기를 위하여 일반적으로 생략하는 장음「이 · 우 · 오」를 살려「東京」은「토우쿄우」로,「大阪」은「오오사카」로,「京都」은「쿄우토」로 표기하기로 한다.
1. 「か·き·く·け·こ」는「카·키·쿠·케·코」로,「た·ち·つ·て·と」는「타·치·쯔·테·토」로,「しゃ·しゅ·しょ」는「샤·슈·쇼」로,「ちゃ·ちゅ·ちょ」는「챠 · 츄 · 쵸」로 표기한다.

凡例

1. 本『竹嶋記事』は　国立公文書書館内閣文庫、和화30889、函号178- 659を底本にした。

1. 本書の飜刻文は竹島問題研究会の『竹島問題に関する調査研究』を参考に、大西俊輝と権静が確認検討し、一部は修正した。

1. 本書の現代日本語訳と註は大西俊輝の作業によるものである。

1. 「竹島」が「欝陵島」をも意味する場合、「欝陵島」は併記しないことを原則とした。また本文中の「日韓」や「韓日」、「日朝」、「朝日」などの表現は両国の表記で、前後に優先権を置くわけではない。

1. 古文書と翻刻文と現代日本語を併記することは異訳や、より良い解釈が出てくる可能性を想定した構成である。

1. 日本語の韓国語表記は原音に近い表記を期待し、一般的には省略する長音「い · う · お」を生かして「東京」は「토우쿄우」に、「大阪」は「오오사카」に、「京都」は「쿄우토」に表記することにする。

1. 「か·き·く·け·こ」は「카·키·쿠·케·코」に、「た·ち·つ·て·と」は「타·치·쯔·테·토」に、「しゃ·しゅ·しょ」は「샤·슈·쇼」に、「ちゃ·ちゅ·ちょ」は「챠·츄·쵸」に表記する。

서문

권정

조선 시대, 왜구 침략과 군역을 피해 도망가는 자들을 단속하기 위해, 조선 태종은 1403년 「공도정책」을 결단하기에 이른다. 이후 세종은 태종의 울릉도 공도정책을 계승하여, 울릉도에 잔류해 있던 주민들을 쇄환하도록 명한다. 16세기 말에서 17세기 초에는 두 차례에 걸쳐 일본이 조선을 침략하는 임진왜란이 발생함에 따라, 조선왕조의 통치력은 극도로 약화되어 울릉도에까지 그 통치가 미치지 못했다. 이후 일본은 이러한 공도정책을 틈타 울릉도를 「다케시마(竹島)」나 「이소다케시마(磯竹島)」라는 그들의 호칭으로 부르기 시작했으며, 임진왜란을 계기로 그들의 영토라 주장하기에 이른다. 대마도의 도주(島主)는 1614년 6월에 조선 동래부에 서계를 보내 울릉도의 탐색을 협조해 줄 것을 요구하기도 했다. 이에 대해 조선정부는 「공도정책」을 취하고 있기는 하지만, 울릉도는 조선의 영토임을 분명히 밝혔다. 그러나 도쿠가와막부(德川幕府)는 1625년 돗토리번(鳥取藩) 요나고(米子)의 어상(漁商)인 오야가(大谷家)와 무라카와가(村川家)에 죽도 도해면허를 발급해 준다. 오야가와 무라카와가는 그들이 어렵행위를 하고 있는 섬이 조선의 울릉도임을 알면서도, 그 섬과는 별개의 일본 속도(屬島)인 것처럼 어렵행위를 행하며, 그곳에서 마주친 안용복 일행이 일본영토를 침입했다는 구실로 안용복과 박어둔을 납치하기에 이른다. 이것이 1693년의 소위 「죽도일건」이다. 그러나 안용복 납치를 계기로 다케시마와 울릉도가 동일한 섬임이 밝혀졌고, 일본의 에도막부(江戸幕府)는 일본어민들에게 죽도 도해금지령을 내린다. 1696년 1월 28일의 일이다. 하지만 대마도는 막부와는 전혀 다른 입장이었기 때문에, 이 사실을 조선에 알리는 일을 계속 주저해 오다, 안용복이 1696년 6월에 2차 도해를 함으로써 어쩔 수 없이 그 사실을 1696년 10월 16일이 돼서야 알렸다. 그간 조선정부와 막부 사이에서 어떻게든 자번(自藩)의 이익을 지키고 울릉도를 빼앗기 위해, 최후까지 조선 측에 울릉도를 포기할 것을 요구했고 그를 위한 계략을 짜기도 했다. 그간의 자세한 사정이 본서 『죽도기사』에 자세히 기재되어 있다. 본서는 대마번의 입장에서 「죽도일건」을 기록한 저서이다. 한국 측 자료로는 조선왕조의 시점에서 기록된 『조선왕조실록』이 남아있으나, 대마도 측이 울릉도에서의 이권을 유지하기 위해 막부와 조선 사이에서 어떠한 책략을 사용했는지에 대해서는 아직 연구가 이루어지지 않고 있다. 그런 의미에서 본서가 가지는 의의는 크다.

본서를 통해, 그들이 「죽도일건」에서 자번의 이익을 지키기 위해 어떠한 방안을 모색했는지 알 수 있다. 본서는 1695년 10월부터 12월 24일까지, 대마도주의 후견인 소우 요시자네(宗義真)와 막각 노중(老中)인 아베 분고노카미(阿部豊後守) 간의 의견교환을 기록한 것이다. 단 직접 연락을 주고받은 것이 아니라, 소우의 대변인격인 사자(使者) 히라다 나오에몬(平田直右衛門)과 아베의 대변인격인 어용인(御用人) 미사와 요시자에몬(三沢吉左衛門)이 중간에서 매개 역할을 하고 있다.

대마번은 첫 번째 조선정부의 답서에서 「弊境欝陵島」라는 문구만을 삭제해 주길 바라며 수정을 요구했으나, 그 답서는 대마도 측의 예측에서 크게 벗어난 것이었다. 1694(원록 7)년 9월에 두 번째 답서가 예조참판 이여(李畬)의 이름으로 대마도에 보내졌는데, 그 내용은 새로 정권을 장악한 소론파의 외교방침에 따른 것으로, 울릉도와 죽도를 2개의 다른 섬으로 보는 기존방침을 완전히 철회한, 울릉도와 죽도는 같은 섬으로 이는 조선령이라는 취지의 것이었다. 이러한 답서를 수취한 대마도 번주의 후견인 요시자네는 이를 절대 인정할 수 없다며 강하게 반발한다. 요시자네는 분고노카미에게 죽도가 일본령인 이유를 다음과 같이 보고하고 있다. 첫 번째 이유는 「다케시마」에 도해한 일본인이 칸에이 14(1637)년과 칸분 6(1666)년에 두 번, 그곳에서 어렵행위를 행하던 중, 바람에 휩쓸려 조선에 표착한 일이 있었는데, 조선은 그 당시 두 번 모두 영토침범에 대한 항의 없이 표착민들을 돌려보냈다. 일본에서 오랜 세월에 걸쳐 「다케시마」, 즉 울릉도에 도해해 어렵행위를 행해 왔으며 조선 측도 이를 알고 있었으나, 지금까지 이를 책망한 일도 이의를 제기한 일도 없었다. 즉 지금에서야 이의를 말하는 것은 조선국의 실태(失態)라는 주장이다. 두 번째 이유로는 『지봉유설』이라는 조선의 서책에 임진의 변(분로쿠 · 케이쵸우의 역) 후 왜인에게 침탈당해, 울릉도에 사람이 살지 않게 되었다는 기록이 있어, 임진왜란 이래 이 섬이 일본의 속도가 되었다는 사실은 조선국에도 잘 알려진 사실이라는 것이다. 이러한 이유를 토대로 요시자네는 강경히 일본령임을 주장해야 한다는 입장이었다. 그는 장군에게 보낸 정식 보고서에서 세 가지의 대안책을 제시하고 있다. 첫 번째는 일본의 섬이라고 단호히 단언하고 강력히 조선을 제압하는 방안이다. 무력을 행사해도 상관없다는 각오이다. 두 번째는 조선의 울릉도임을 인정하며 일본어민들의 도해를 금지하는 방안이다. 세 번째는 일단 강하게 밀어붙여 보고 저쪽 대응을 살핀 후 타협책을 제안하자는 방안이다. 두 번째 방안은 장군의 주선이 필요하므로 막각 차원에서 문제가 해결되지 않는다는 저의를 내포하고 있어, 조선에 울릉도를 양보하는 일은 피하고 싶다는 속내가 엿보인다. 즉 요시자네의 진의는 막각의 승인하에, 강경책으로 조선과 승부하고 싶다는 것이었다. 그러나 그의 대변인인 히라다 나오에몬은 그와는 약간 생각이 달랐다. 상사의 의견에 따라야 하는 것이 대마도의 풍습이지만 따르기 어려운 지시도 있다며, 분고노카미에게 직접 호우키(伯耆)에서 「다케시마」로 도해하는 일을 금하는 것이 좋겠다는 의견을 피력했다. 즉 지금대로라면 일본과 조선의 어민이 서로 만나게 되고, 그러면 당연히 밀무역이 성행하게 된다는 것이었다. 그의 입장에서는 조선과의 무역은 대마도만이 행할 수 있는 특권으로 이 특권이 손상되면 대마도의 존재가치가 흔들리기 때문에, 호우키의 울릉도 도해를 금하는 편이 대마도를 위해 이익이라는 계산이 있었던 것이다. 막각 또한 일개 작은 섬 때문에 모처럼 찾아온 조선과의 우호관계를 깨고 싶지 않았다. 때문에 소우의 강경론에는 반대 입장을 표명하였다. 그렇다고 해서 조선의 요구대로 자국의 섬이라 주장하던 「다케시마」를 순순히 조선령으로 인정해 버리는 일도 자존심이 허락하지 않는 일로, 결국 양국 어민의 도해 금지방안을 택하게 된다. 여기서 주의할 것은 울릉도로의 도해금지가 곧 울릉도가 조선령임을 인정한 것이 아니라는 사실이다. 본서에도 기록되어 있듯이, 막각은 조선과의 우호관계를 유지하기 위해 「다케시마」로의 일본어민의 도해를 금지시켰으나, 조선 어민 또한 당연히 섬에 건너오지 않아야 한다는 입장이었다. 양국이 섬을 버리게 되면, 결국 섬과의 거리가 가까운 조선 측이 섬을 취하게 될 것이라는 사실을 염두에는 두고 있었지만, 그에 관해 일부러 언급할 필요는 없다는 판단이었다.

일본은 울릉도가 조선의 영토라고 인정하지 않음으로써 자국의 체면을 유지하고, 또한 양국 어민의 섬으로의 도해를 금함으로써 조선과의 평화관계도 유지할 수 있었다. 실리와 체면 모두를 유지할 수 있는 최선책이었던 것이다. 대마도는 어렵을 통한 이익보다는 대조선 무역을 독차지함으로써 얻는 실리 쪽을 택했다. 「원래 일본과 조선은 특히 서로 상매를 행하여, 상호 이익을 얻는 바가 있습니다. 그때의 금은도 일본에서 건너가고 또 조선에서는 상품이 건너옵니다」라는 문장에 압축되어 있듯이, 대마도에서의 무역 지속과 금은결제가 원활히 행해지는 쪽을 택한 것이다.

○同八年十月　天龍院公御參府ニ付竹島一件被仰含
平田直右衛門差添之以書付委細申上候
御老中　阿部豊後守様江書付を以御伺之趣申上之

【大綱三七段(元祿八年十月)】

(37-00)

○ 同八年十月　天竜院公御参府竹島一件再度之返簡写被差上致之御処置如何可被遊哉与之儀御老中阿部豊後守様迄委細御伺之趣被仰上也

【大綱三七段(元祿八年十月)】

(37-00)

○ 元禄八年十月、天竜院公(宗義真)の御参府(江戸行き)があった。竹嶋の一件につき、再度[あちらから渡って来た]返翰の写しを[公儀へ]差し上げた。[そして今後の]御処置をどのようにすればよいのか、御老中阿部豊後守様迄、委細を御伺いのため、その趣旨についての御報告をなさった。

【대강 37단(원록 8년 10월)】

(37-00)

○ 원록 8년 10월에 텐류우인공(소우 요시자네)의 참부(에도행)가 있었다. 죽도일건에 대해 재차 [저쪽에서 건너온] 반한의 사본을 [장군에게] 바쳤다. [그리고 금후의] 처리를 어떻게 하면 좋은지, 노중 아베 분고노카미사마에게 자세한 것을 묻기 위해 그 취지에 대해 보고하셨다.

ハ土用少過候而平田直右衛門阿部豊後守様
ゟ御人三沢吉左衛門方へ承ル
天龍院公ゟ豊後守様江之御口上書ハ
同氏對馬守ゟ竹嶋之儀被仰付候ニ付
相伺申上候儀御座候ニ付家老共ニ而茂存候以上も
守様ニ而茂覚無之候ニ付申候由ニ御座候
以上前後之しかじか御直ニ申上之承知仕候付

(37-01)

〃十一月廿五日平田直右衛門儀阿部豊後守様御用人三沢吉左衛門方江罷出　天竜院公より豊後守様江之御口上申達候ハ同氏対馬守江竹島之儀被仰付候ニ付相伺申度儀御座座候所老年ニ及歯も落口上も聞江兼殊ニ覚も無之候故申落しも在之口上前後いたし候而者用事支ニ罷成候ニ付

(37-01)

〃十一月二十五日、平田直右衛門が阿部豊後守様の御用人である三沢吉左衛門方へ罷り出て、天竜院公から豊後守様へ宛てた御口上を申し伝えた。[それは 次のようなものである。すなわち、先年]宗対馬守(宗義倫)へ申し付けられた竹嶋の一件につき、お伺いしたい事がございます。しかし私(宗義真)は、もはや老年に至っており、歯も抜け落ちてしまい、口上を述べても、お聞きいただく事は困難になって来ております。殊に[最近は]記憶も覚束なくなってしまい、よく申し落しがございます。口上についても、趣旨が前後いたす事もあり[直接申し上げても]用事に支障を来します。

(37-01)

〃11월 25일, 히라다 나오에몬이 아베 분고노카미사마의 어용인인 미사와 요시자에몬에게 가서, 텐류우인공이 분고노카미사마에게 보낸 구상을 말로 전했습니다. [그것은 다음과 같은 것이다. 즉 전년] 소우 쓰시마노카미(소우 요시쓰구)에게 명했던 죽도일건

에 대해, 여쭙고 싶은 일이 있습니다. 그러나 자신(소우 요시자네)은 이미 노년이어서 이도 빠져버려 구상을 이야기해도, 들으시는 일이 곤란하게 되었습니다. 특히 [최근은] 기억도 불안하게 되어, 말씀드릴 때 자주 빠뜨리는 일이 있습니다. 구상에 대해서도 취지의 전후가 바뀌는 일도 있어 [직접 말씀드려도] 용건에 지장을 초래합니다.

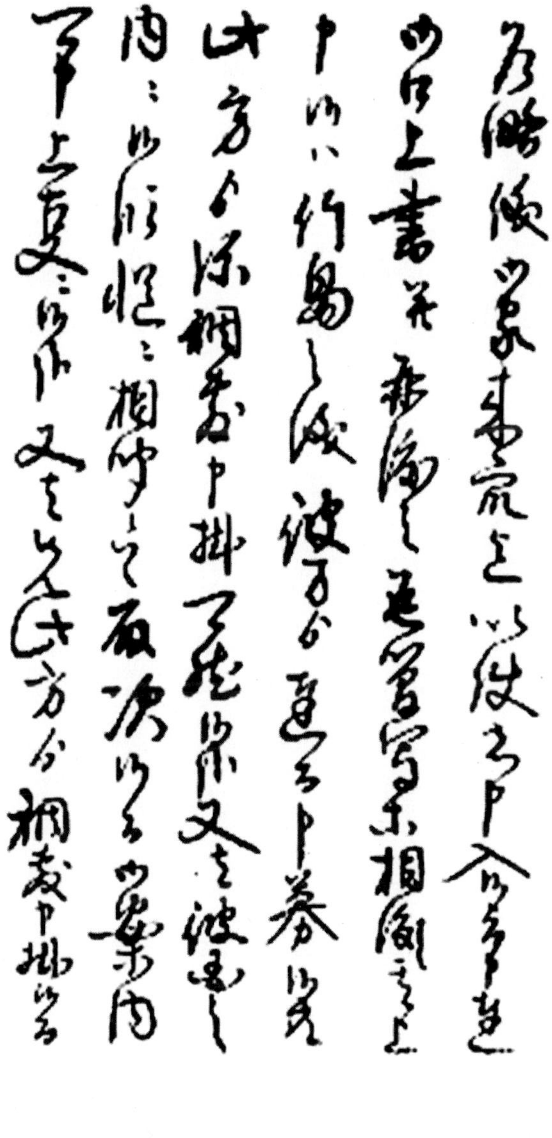

乍略儀御家来衆迄以使者申入候旨申達御口上書并再渡之返簡写等相渡シ其上申候ハ竹島之儀彼方より達而申募候共比方より弥稠敷申掛可然候哉又者彼国之内ニ候段慥ニ相聞候ハヽ取次候而御案内可申上事ニ候哉又者先此方より稠敷申掛候而

そこで略儀ではありますが、使者を立てて[そちらの]御家来衆まで申し入れを行うことに致しました。このようにして[直右衛門から三沢吉左衛門に]その申し伝えがあった。御口上書ならびに再度[朝鮮から]渡って来た返翰の写しなどを[直右衛門は三沢吉左衛門に]渡し、その上で[さらに次のような]申し伝えを行った。竹嶋の事については、あちらから[自国の島であると]達っての申し募りがございます。ですが[それに対し]こちらから[日本の島であると]いよいよ厳しく申し掛けを行うべきでしょうか。又は彼の国の内にある[蔚陵嶋の]事として、確かそのようにも聞えるので、それならば、そのように取り上げて[竹嶋は朝鮮領の蔚陵嶋として、この度、公儀へ]御報告を申し上げるべきでしょうか。又は先にこちらから[日本の島であると]厳しく申し掛けておいて、

그래서 결례이기는 합니다만, 사자를 보내 [그쪽의] 가신들에게 말씀드리기로 하였습니다. 이렇게 하여 [나오에몬이 미사와 요시자에몬에게] 전언이 있었습니다. 구상서 및 재차 [조선에서] 건너온 반한의 사본 등을 [나오에몬은 미사와 요시자에몬에게] 건네고, 그 후 [다시 다음과 같은] 전달을 했다. 죽도의 일에 대해서는, 저쪽에서 [자국의 섬이라는] 강한 주장이 있습니다. 그러나 [그에 대해] 이쪽에서 [일본의 섬이라고] 더 강하게 주장해야 하는 것일까요. 아니면 그 나라 안에 있는 [울릉도]로 하여, 분명 그렇게도 들리므로, 그렇게 취급하여 [죽도는 조선령의 울릉도로 해서, 이번에 장군에게] 보고를 올려야 하는 것일까요. 또는 먼저 이쪽에서 [일본의 섬이라고] 엄중히 말해 두고,

其分ニ而事濟候ハヽ可然其意之儀
被存候趣中ニて存寄之筋ニ付御尋
可有之候得共右之通ニ相見候間
御用意ニも及不申候得共其趣ニ従ひ御申越候
ニ而可有之候事ニ候右様之儀ニ付而ハ御意得可申
相離レ申候段毎一通ニ而被仰遣候様ニ
事ニ而も無之候得ハ御尋被遊候事ニ付
此節ハ御用捨被成候様ニ御座候段被仰
遣候而ハ延引之其段御相談ニ而申上候

其分ニ而事済候ハヽ其通ニ可仕候其上ニ茂彼方より達而申候ハヽ其節ニ至而御了簡も可有之与之思召ニ候哉三様之内思召之程御内意をも被仰聞候ハヽ其趣ニ随ひ候て申掛様も可有之事ニ奉存候故得御内意候惣而朝鮮之国風物毎一度にて埒明不申軽キ事ニ而も再三不申談候而者埒明不申候此度之儀者猶又俄ニ埒明申間敷候間若油断ニ而延々ニ罷成候様ニ被思召上候而者

そのような遣り方で事が済めば、その通りで行い、その上で、あちらから達って[異論を]申して来るようであれば、その節に[それに対応した、こちらからの]お考えを示すべきでしょうか。その三様の内の、いずれが[公儀の]お考えなのでしょうか、御内意を[どうぞ]お聞かせ下さい。その[お聞かせいただいた]御趣旨に随い[あちらへ改めて]申し掛け[たく思っております。御趣旨の次第によっては、また別の申し掛け]様も有る事でございます。それゆえ御内意を[是非ここで]お示し頂きたく思っております。一般的に言えば、朝鮮の国風は、物ごとが一度では埒の明くようなことはありません。軽い事でも再三にわたり申し掛けなければ、とても埒の明くようなことにはなりません。この度の事については、猶また、俄には埒の明くようなことではありません。もしも油断すれば[これは今後]延々に引きずって行くような事になるものでございます。そのような事になれば

그러한 방법으로 일이 끝나면 그대로 행하고, 그 후 저쪽에서 집요하게 [이론을] 말해 오면, 그때 [그에 대응하는 이쪽의] 생각을 알려야 하는 것일까요. 그 세 가지 중, 어느 것이 [장군의] 생각이신지, 그 속내를 [제발] 알려주십시오. 그 [알려주신] 취지에 따라 [저쪽에 다시] 요구하고 [싶다고 생각하고 있습니다. 취지 여하에 따라서는, 또 달리 요구하는] 방법도 있습니다. 그렇기 때문에 내심을 [반드시 여기서] 듣고 싶다고 생각합니다. 일반적으로 말하면, 조선의 국풍으로는 문제가 한 번에 해결되는 일은 없습니다. 이번 일에 대해서는 더욱이, 갑자기 해결되는 일은 없습니다. 만일 방심하면 [이것은 금후] 끝없이 연기되는 일이 됩니다. 그렇게 되면

御使者被成候此段候而候上意ニ付被仰
出来候趣ニ付御座候而之御書面ニ付候ハヽ
御得上書ニ付是迄指之人ニ竹島之儀御座
一候ハ其異国船可被成候朝鮮之儀
前々一人ニ而被下候之例も御座候付可被成
御文御自身ニ而上御座候而御指被申朝鮮之
候ニ付而被下候ハヽ竹島へハ入御座候
申御承知候而御座候而朝鮮ハ竹島之
被仰付候ニ付候而御座候而以上御座候

如何ニ奉存候此段能々被仰上置被下候様ニ申達候処ニ則被申上御返詞ニ被仰聞候ハ御口上書之趣遂披見候竹島之儀御伺之一通り委御書付被成可被下候輪番之僧別而一人被罷下候先例も御書付可被下候扨又御自分迄御尋申候様ニ申候輪番之僧被罷下候ニ者御伝馬等ハ入不申候哉之由被申候故伺之一通り与御座候ハ竹島之儀ニ付ケ様ニいたし候而者如何可有御座候哉与

[いったい両国の関係は]どのような事になるのでございましょうか。この事を能く能く[豊後守様へ]御報告なさるようにと[三沢吉左衛門に]申し伝えた。すると直ぐに[お話しを]伝えて下さり[豊後守様の]御返事の言葉を聞かされた。[すなわち、刑部大輔殿の]御口上書の趣旨については了解を致した。竹島の事については、御伺いの一通りを、ここに委しく御書付けに成り[刑部大輔殿の御意見も、その際]お寄せ下さるように。[また以酊庵の]輪番の僧を別途もう一人[対馬まで]罷り下して頂きたいと[そのような御要望もあるが]先例も[併せ]これまた御書付けにして[こちらにその御要望を]お寄せ下さるようにと[そのような御返答であった]。さて又、自分(豊後守)にまで御尋ね(依頼)する様な[文書能力に長けた]輪番僧の派遣については、その罷り下るに際し、御伝馬等[の手配も]要るのではないかと[そのような事までも親切に]お話し下さった。そこで[直右衛門が、さらに申し述べた事は]御伺いの一通りとして[特にお願いしたかったのは]竹嶋のことについてで御座います。このように致しては如何で御座いましょうかと、

[도대체 양국관계는] 어떻게 되는 것일까요. 이 일을 잘 [분고노카미

사마에게] 보고하시도록 [미사와 요시자에몬에게] 말씀드렸다. 그러자 바로 [이야기를] 전해주시어 [분고노카미사마의] 대답을 듣게 되었다. [즉 교우부 타이후도노의] 구상서의 취지에 대해서는 이해했다. 죽도의 일에 대해서는 질문하신 것을 모두 이곳에 자세히 기록하시어 [교우부 타이후도노의 의견도, 그때] 보내 주실 것. [또 이테이안의] 윤번승을 따로 한 사람 [쓰시마에] 보내 달라는 [그러한 요망도 있었으나] 선례도 [참조하여] 이 역시 기록하여 [이쪽에 그 요망을] 보내도록 하라는 [그러한 반답이었다.] 그리고 또, 자신(분고노카미)에게 청한(의뢰하는) 것과 같은 [문서능력이 능숙한] 윤번승의 파견에 대해서는, 파견 시 전마 등[의 준비도] 필요하지 않은가 라고 [그러한 일까지도 친절하게] 말씀해 주셨다. 그리고 [나오에몬이 다시 이야기한 것은] 질문한 것으로 [특히 부탁하고 싶었던 것은] 죽도에 관한 것입니다. 이렇게 하면 어떠할까 라고,

刑部左衛門存寄之趣書付掛御目候様ニと
御返事ニ付作之申候様ニとの申候ニも二重之候ニ
思召候趣御尋被成候由被仰聞候様ニと
事ニ候處左様申候處存寄御座候ニ付輪書之候
且又先年も申候得共此度差出候處往年
左衛門中之様子事難申刑部左衛門方ゟ
仕候　公儀向之御掛合之御座候
致候儀ニ候ニ付御座候

刑部大輔存寄之趣書付掛御目候様ニ与之御事ニ候哉与申候得者如何ニも其通りニ候思召之趣御書付被成被遣候様ニ与之事ニ候由被申候故奉畏候輪番之僧已前被罷下候儀者覚申候通咄往来在留中之諸事雑用刑部大輔方より仕候　　公儀より者御構不被成候金地院江被仰渡候迄ニ候由申達罷帰ル

刑部大輔が思う所の趣旨を書付けにして[是非、豊後守様に]御目に掛けたいと思っております。そのように申し上げた所[吉左衛門が答えるに]いかにもその通りで[刑部殿の]お考えの御趣旨を、御書付けに成られ[こちらに]お遣わし下さい。そのように[豊後守様が]お話しなさっておられましたと告げられた。そこで畏まって御返答を申し上げた事は、輪番の僧の事については、以前に[臨時に対馬に]罷り下った事があり、その記憶にある通りの事をお話し申し上げた。[対馬への]往来そして[対馬に]在留中の諸事雑用について[その費用は]刑部大輔方から行い、公儀から御構いに成られる必要はございませんと答えておいた。ただ[そのような臨時の派遣を、学問僧を管轄する]金地院へ[公儀からお言葉を添え]お命じになっていただきたいと、そのこと迄をお伝えしたかったと、そのように申し上げ[口上書を差し出し]罷り帰った。

교우부 타이후가 생각하는 취지를 서부로 해서 [반드시 분고노카미사마에게] 보여 드리고 싶다고 생각하고 있습니다. 그렇게 말씀드리자 [요시자에몬이 답하기를] 바로 말씀하신 대로 [교우부사마가] 생각하는 취지를 서부로 작성하여 [이쪽으로] 보내주십시오. 그렇게 [분고노카미사마가] 말씀하셨다고 알려주셨습니다. 그래서 삼가 반답을 올린 것은, 윤번승에 관해서는 이전에 [임시로 쓰시마에] 내려온 일이 있어, 그 기억대로 일을 말씀드렸습니다. [쓰시마에] 왕래, 그리고 [쓰시마에] 재류하는 기간의 제사 잡용에 대한 [그 비용은] 교우부 타이후 쪽에서 담당하여, 장군이 준비하실 필요는 없다고 답해 두었습니다. 다만 [그와 같은 임시파견을 학문승을 관할하는] 콘치인에 [장군이 말씀하여] 명해주실 것을 원한다고, 그 일을 전하고 싶었다고, 그렇게 말씀드리고 [구상서를 제출하고] 돌아왔다.

口上之覚

一 去秋以来對馬守方ゟ申上候通竹嶋之儀
朝鮮人之參候様ニ被仰付候得共以前ゟ
申候へ共返簡之内ニ蔚陵嶋之事文句少茂
御座候、此方ゟ申遣候文ニ而蔚陵嶋之儀
相聞候様ニ書載候様ニ申遣候処、蔚陵嶋之
申候を彼国ニ而も心入有之候哉、書載仕候ニ付
先日返簡ゟ參候節者此方ニ遣候義ハ
申遣候、推察仕候得者此度も初ニ返簡ニ
蔚陵之竹嶋之事朝鮮国之蔚陵嶋之事

口上之覚

一　去秋同氏対馬守方より申上候通竹嶋江重而朝鮮人不罷渡様可被申付之旨以書簡申渡候返簡之内ニ蔚陵嶋与申文句御座候故此方より不申遣事ニ候間蔚陵嶋与申儀相除被差越候様ニ与申達候処蔚陵嶋与申儀者彼国ニも心入有之而書載仕置候へ共兔角紛敷認候分にては此方ニ請取不申候段推察仕候哉此度者初之返簡之趣与引替竹嶋者朝鮮国之蔚陵嶋ニ而

口上之覚

一　去年(元禄七年)の秋、宗対馬守(宗義倫)方から申し上げた通り、竹嶋へ再び朝鮮人が罷り渡らぬよう[朝鮮の朝廷から海辺の民へ、その制禁を]申し付けるべき旨を、書簡を以て[あちらに]申し伝えました。[すると返簡が参り]その返簡の内に、蔚陵嶋と言う文字が御座いました。こちらから申し入れていない島であるのに[あえて]蔚陵嶋と言い出す[のは、おかしな事であるので]その文字を取り除いた書簡を[こちらに]差し返すようにと[あちらに]申し伝えました。すると蔚陵嶋と言う島の名については、彼の国にも心入れがあり[それゆえ]わざわざ書き載せたものであるとの事でございました。だが何かと紛しくしたためた分であるので、こちらではお受け取りできないと[お断りし]あちらの事情を推察しつつ、なお交渉を重ねて参りました。[そのような中]この度[再度の返簡が送られて来ました。] 初めの返簡の趣旨とは打って変わり[今回のものは]この竹嶋とは朝鮮国の蔚陵嶋の

구상지각

1. 작년(원록 7년) 가을에 소우 쓰시마노카미(소우 요시쓰구) 측에서 말씀드린 대로, 죽도에 다시 조선인이 건너오지 못하도록 [조선 조정이 해변의 주민에게, 그 제금을] 명해야 한다는 뜻을 서간으로 [저쪽에] 전했습니다. [그러자 반한이 왔는데] 그 반한 안에 울릉도라는 문자가 있었습니다. 이쪽에서 언급하지 않은 섬인데 [일부러] 울릉도를 언급한 [것은 이상한 일이기 때문에] 그 문자를 삭제한 서간을 [이쪽에] 보내도록 [저쪽에] 전했습니다. 그러자 울릉도라는 도명에 대해서는, 그 나라도 생각하는 바가 있어 [그런 연유로] 일부러 기재한 것이라는 것이었습니다. 그러나 어쨌든 혼란스러운 기재였기 때문에, 이쪽에서는 수취할 수 없다고 [거절하여] 저쪽 사정을 추찰하면서, 계속 교섭을 거듭해 왔습니다. [그러한 사이] 이번에 [다시 반한을 보내왔습니다.] 처음의 반한과는 매우 다르게 변경되어 [이번의 것은] 이 죽도라는 것은 조선국의 울릉도를

御座候右日本人被請候　然者此段様〻ニ而
御仕候様〻之相聞候儀も　彼者方ゟ唐寄
〻ニ談　彼方ゟ漂来致居候由對馬守
相果申候処　船ニ相乗候　徒俄ニ仰付
右之趣重而相改可申候旨申来候
差留ニ仕候様〻之　彼者方ゟ申達右之返答
被申遣候得共　延引仕候由令延引候
掛御目候

御座候間日本人彼嶋江不罷渡候様ニ被仰付候様ニ与相認候依之使者方より存寄之趣彼方江申談未落着不仕候内対馬守相果申候然処ニ私江当分役儀被仰付候故右之段重而私方より可申渡候之間其節返簡被仕候様ニ与使者方より申達右之返簡者彼国江差置帰国仕候為念返翰之写掛御目候

事であると[そのように明確に書き載せて]ありました。それゆえ日本人は彼の島へ[今後]罷り渡らぬよう[公儀から日本の海辺の民へ]仰せ付け下さるようにと、そのようにしたためてございました。このような事でありますので、使者の方から[このような新たな申し入れは不同意であると、こちらの]考えている趣旨を[再び]あちらへ申し伝え[なおも交渉を行っておりました。] 未だ落着に至らぬ内に、対馬守が[病で]死去してしまいました。そのような事で私(宗義真)の方へ、当分[の間、朝鮮の]役儀[を執り行うようにと、公儀から]仰せ付けがございました。それゆえ右[懸案]の事項は、重ねて私の方から[あちらへ]申し渡すべき事となりました。[そのような新たな交渉がなされる]その節には[新たな宜しい]返簡が参るよう、使者方から[あちらへ新たな]申し入れをしようと思っております。そして右の[同意できぬ]返簡は[持ち帰らず]彼の国へ差し置いたままにして[この使者には]帰国を命じました。念のため、その[持ち帰らなかった]返翰の写しを、御目に掛けます。

지칭하는 것이라고 [그렇게 명확하게 기재하]였습니다. 그렇기 때문에 일본인은 그 섬에 [금후로는] 건너오지 않도록 [장군이 일본의 해변민에게] 명해 주시도록, 그렇게 기록하고 있습니다. 이러한 일이었기 때문에, 사자 측에서 [이와 같은 새로운 요구에 동의할 수 없다고, 이쪽이] 생각하고 있는 취지를 [다시] 저쪽에 전하여 [계속 교섭을 행하고 있었습니다.] 아직 해결되기 전에, 쓰시마노카미가 [병으로] 사거하고 말았습니다. 그 같은 일로 제(소우 요시자네)가 당분[간, 조선의] 역의[를 집행하도록 하라는 장군의] 명이 있었습니다. 그렇기 때문에 위 [현안] 사항은, 거듭해서 제 쪽에서 [저쪽에] 전해야 하는 일이 되었습니다. [그와 같은 새로운 교섭이 이루어지는] 그때는 [새로 좋은] 반한이 올 수 있도록, 사자가 [저쪽에 새로운] 요구를 할 생각입니다. 그리고 위의 [동의할 수 없는] 반한은 [가지고 돌아오지 않고] 그 나라에 놓아둔 채 [이 사자에게는] 귀국을 명하였습니다. 만일에 대비해, 그 [가지고 돌아오지 않은] 반한의 사본을 보여 드립니다.

一 去年對馬守方ゟ申渡候ニ付而朝鮮方ゟ
御可申達之旨被仰出候処此度朝鮮方ゟ
相渡候処右之申渡候筋書翰之儀ニ付而
今一人被仰付被下候然処對州ニ罷在
様ニ相渡候而ハ當分相渡候段申候
事候ハヽ朝鮮ゟ存念も可申立
可申候ニ付事候得共帳中書右之則方之遣置
右之趣日本ニ申候而此節遂候ニ付候
御用意可申候

一　去年対馬守方より申渡候書面之趣私方より又々可申遣与奉存候就夫書簡之認様なと相談仕候為ニ御座候間輪番之僧之内今一人被仰付被差下唯今対州ニ在勤之僧与相談為仕書簡相諾差渡申度奉存候左候ハヽ朝鮮国之存入も宜有御座与奉存候故申上候若私方江之返簡も右之通同前ニ御座候ハヽ如何返答可仕候哉御内意奉伺候

一　去年(元禄七年)対馬守方から[あちらへ]申し渡した書面の趣旨を[この度]私方から又々[あちらへ]申し遣わすべきと思っております。それに就いて、書簡のしたため様などを相談いたしたい為[文書能力に長けた]輪番の僧の内、今一人を[その御用に]仰せ付け下さり[対馬に]差し下していただきたいと存じます。唯今、対州に在勤の僧と、よく相談せしめ、互いにこの書簡で宜しいとなって[それで始めて、あちらへ書簡を]差し渡そうと思っております。そうすれば朝鮮国の側も理解が進み、交渉も宜しく進展するのではないかと考えます。それゆえ[輪番僧の派遣を]こうしてお願い申し上げます。[しかしながら、あちらに書簡を送り]もし私の方へ[あちらから]返簡が来て[その内容が]右の通り同前の[やはり同意できないような]事で御座いましたら[この後の交渉は]如何なる[方針であちらへ]返答を行うべきでございましょうか。その御内意を[お示しいただくよう]お伺いを致します。

1. 작년(원록 7년) 쓰시마노카미 측에서 [저쪽에] 건넨 서면의 취지를 [이번에] 우리 쪽에서 또다시 [저쪽에] 보내야 한다고 생각하고 있습니다. 그에 대해 서간을 기록하는 방법 등을 의논하기 위

해 [문서능력이 뛰어난] 윤번승 중 한 사람을 [그 임무로] 명하시어 [쓰시마에] 내려보내 주셨으면 생각하고 있습니다. 현재 타이슈우에 재근하는 스님과 잘 상담하여, 서로 이 서간으로 좋다고 하시면 [그때 비로소, 저쪽에 서간을] 보낼 생각입니다. 그렇게 하면 조선 측도 이해하기 좋아, 교섭도 잘 진전될 것이라고 생각합니다. 때문에 [윤번승의 파견을] 이렇게 원하는 것입니다. [그러나 저쪽에 서간을 보내] 혹시 우리 측에 [저쪽에서] 반한이 와서 [그 내용이] 위처럼 전과 같아 [역시 동의할 수 없는] 일이라면, [이후의 교섭은] 어떠한 [방침으로 저쪽에] 반답을 해야 하는 것인지요. 그 속내를 [말씀하여 주실 것을] 부탁합니다.

一 去々年竹嶋ニ而相留置候朝鮮人二人
彼国江送遣候処、従伯耆国因府を
江戸江被致東武ゟ長崎江送遣之候
於途中も結構ニ御馳走ニ而御付以後
對馬守方江御渡被成以後ハ家来
家来中付送届候所　上ゟ四年振ニ
並ニ以後對馬守ゟ竹島之儀被仰付

一 去々年竹島ニ而被留置候朝鮮人二人彼国江送届候処ニ 漁民共因幡府を江戸与存東武より長崎迄被送遣候於途中者結構ニ御馳走被仰付候得共対馬守方江御渡被成候以後者警固等厳敷申付送帰候段 上之思召者左様ニ無之候得共対馬守私之了簡を以如此

一 去々年(元禄六年)竹嶋にて[捕らえられ、因伯に]留め置かれた朝鮮人二人を、彼の国へ送り届けた処、その漁民どもは因幡府を江戸と思い違いを致したようでございます。[彼らが言うには]東武から長崎まで送り遣わされた途中[大切に扱われ]結構に御馳走をしていただいた。だが対馬守方へ御渡しに成られた以後、警固などは厳しく申し付けられ[罪人のようにして]送り帰されてしまった。このような[酷い扱いとなるような]事は[江戸の]上の方のお考えでは無く[これは]対馬守の私的な考えによるものである。[その対馬守によって]このような

1. 재작년(원록 6년)에 죽도에서 [포획당해 인하쿠에] 연행되었던 조선인 두 사람을 그 나라에 송환하자, 그 어민들은 이나바를 에도라고 착각한 것 같습니다. [그들이 말하기를] 동무에서 나가사키로 송환되는 도중에 [소중히 취급되어] 상당히 좋은 대접을 받았습니다. 그러나 쓰시마노카미 측에 넘겨진 이후, 감시 등을 엄중히 명하여 [죄인처럼] 송환되고 말았다. 이와 같은 [심한 취급을 받게 된] 일은 [에도] 윗분의 생각이 아니라, [이는] 쓰시마노카미의 사적인 생각에 의한 것이다. [그 쓰시마노카미에 의해] 이러한

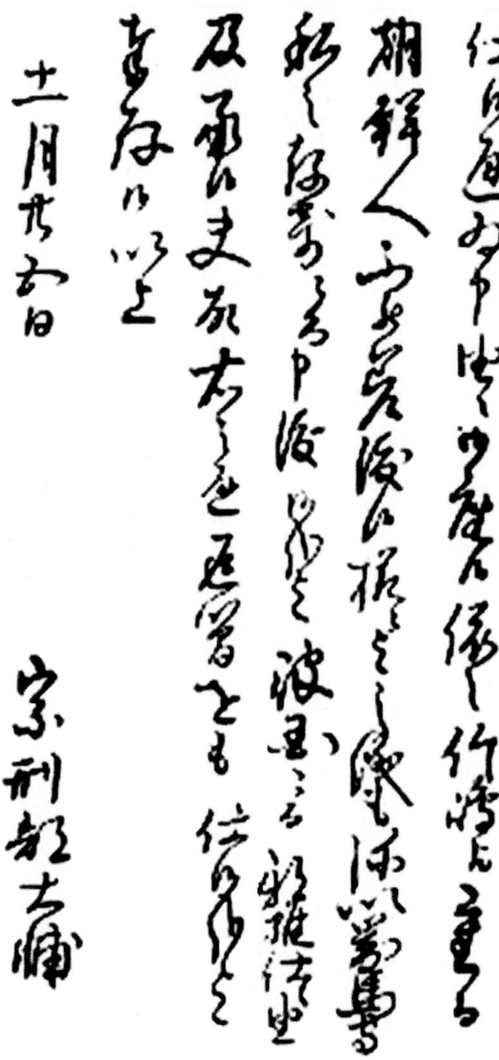
奉存候以上

十二月廿六日

宗刑部大輔

仕候通為申由ニ御座候依之竹嶋江重而朝鮮人不被差渡候様ニ与之儀も弥以対馬守私之存寄ニ而申渡候哉与彼国ニ而邪推仕候由及承候夫故右之通返簡をも仕候哉与奉存候以上

十一月廿五日　　　　　宗刑部大輔

[理不尽な]扱いを受けたのだと、その通りの事を[あちらの朝廷に]報告したようでございます。この[二人の報告]に依って、竹嶋へ再び朝鮮人が渡海しないようにと[対馬が朝鮮に]申し渡した事は、いよいよ以て対馬守が[公儀と図る事なく]私的な考えで申し入れたものと、彼の国では邪推するようになりました。そのように[こちら対馬では]聞き及んでおります。それゆえ[あちらの朝廷から、対馬は反感を持たれ、その結果]右の通りの返簡が参るようになったと[こちらでは]思っております。以上でございます。

十一月二十五日　　　　　宗刑部大輔

[부당한] 취급을 받았다고, 그처럼 [저쪽 조정에] 보고한 것 같습니다. 이 [두 사람의 보고]에 의해 죽도에 다시 조선인이 도해하지 않도록 [쓰시마가 조선에] 요구한 일은, 결국 쓰시마노카미가 [장군과 상의하지 않고] 사적인 생각으로 요구한 일이라고, 그 나라에서는 생각하게 되었습니다. 그렇게 [이쪽 쓰시마에서는] 듣고 있습니다. 그렇기 때문에 [저쪽 조정에서 쓰시마에 반감을 가지게 되어, 그 결과] 위와 같은 반한이 오게 되었다고 [이쪽에서는] 생각하고 있습니다. 이상입니다.

11월 25일　　　　　소우 교우부 타이후

一 同月廿八日直右衛門殿豊後守様江参上
之所吉左衛門ニ対面ニ而口上申述候ハ
此間差上置候御返簡之写豊後守様御覧被
遊候儀ニ而御座候 写具ニ御覧被成候上
ニ而処ニ而返簡ニ者相違無之ニ付被遊候之由
此用事多ニ而相延候ニ付相済候 御重而

(37-02)

〃同月廿八日直右衛門儀豊後守様江参上三沢吉左衛門江対面御口上申達頃日御差図之通思召寄之覚書一通并初度再渡往復之書簡之写点付四通差上候処御返答ニ被仰出候ハ御書付遂披見候御用多候故取紛申候間廿五日ニ被遣候

(37-02)

〃同月(十一月)二十八日、直右衛門は豊後守様方へ参上し、三沢吉左衛門へ対面し、御口上を申し述べた。すなわち、近頃(十一月二十五日)御差図のあった通り[刑部大輔から]その思う所を覚書として一通、ならびに初度、再度、両往復の書簡の写しを点付きで四通[本日、持参致しましたので]差し上げます[と申し述べ、差し出した。]すると[ややあって、吉左衛門が]御返答としてお話し下さった事は、御書付けを[只今、豊後守様は]御覧になられました。御用が多いため取り紛れがあったゆえ、二十五日に遣わされた

(37-02)

〃동월(11월) 28일에 나오에몬은 분고노카미사마 측에 참상하여, 미사와 요시자에몬과 대면하고 구상으로 설명했다. 즉 근래(11월 25일)에 지시한 대로 [교우부 타이후가] 생각한 것을 각서로 해서 1통, 그리고 처음과 두 번, 두 번 왕복한 서간의 사본을 첨부하여 4통을 [오늘 지참했으므로] 바칩니다 [라고 아뢰고 제출했다.] 그러자 [조금 후, 요시자에몬이] 답변으로 말씀해주신 것

은 서부를 [지금, 분고노카미사마가] 보셨습니다. 용무가 많아 혼동하여 25일에 보내신

御当方様も今日に於て御当方様も一儀々被成
候ニ付御手前様ニも御思召之通被成
仰候ニ付指出申遣候処御付被遣候ニ付
改而を取之被成一札之書面を取以相定
此の間御差出被成事ニ而も右一札相渡
可有之何も之違ニ付候相応可申候
相済候事ニ而萬事相済候事

御書付も今日被遣候御書付も一帳ニ被成始之書付御出被成候節思召寄之趣被仰聞候様ニ申達候故書付被差越候与之断書を間ニ被成一帳ニ御書可被下候扨又此御用御急被成事ニ候哉左様御座候ハヽ早速何も江遂内談御返簡可申候若余急不申事ニ候ハヽ当月者殊外御用繁

御書付(口上之覚)も、今日遣わされた御書付(口上之覚)も[この度]一覧で御目を通されました。[先日]始めの書付を[持参し]御出でに成った折[刑部大輔殿の]お考えの趣旨を[こちらに]お聞かせ下さる様にと[こちらから]申し伝えておりました。それゆえ[本日その旨の]書付けを差し入れて来られたのでございますが[これらを続けて通覧すると、ことの問題点が明瞭でございます。それゆえ、以前の書付と今回の書付とを連ね、一挙に通覧できるようにしていただきたいと、そのような豊後守の意向がございます。] 断り書き(説明文)を間に入れ、一帳にして御書き[直しをして、改めてこちらに御提出]下さい。[閣老の皆様に、これを回覧したいとの事でございます。] さて又、この[竹嶋の]御用については、御急ぎに成られる事でございますか。もし御急ぎに成られるようであれば、早速[閣老]各位へ内談を行い、御回答を申したいと思います。もし余り御急ぎに成られない事であれば、当月は殊のほか御用が多く、繁雑に

서부(구상지각)도, 오늘 보내신 서부(구상지각)도 [이번에] 일람하여 보셨습니다. [전일에] 처음으로 서부를 [지참하고] 오셨을 때 [교우부타이후도노의] 생각의 취지를 [이쪽에] 알려 주시길 [이쪽에서 전해드렸습니다. 그래서 [오늘 그 내용의] 서부를 가지고 오셨습니다만

[이들을 계속해서 통람해보니, 일의 문제점이 명료합니다. 때문에 이전의 서부와 이번의 서부를 함께 일거에 통람할 수 있도록 해주었으면 좋겠다는, 그와 같은 분고노카미의 의향이십니다.] 설명문을 사이에 넣어, 한 책으로 다시 [기록해, 이쪽에 제출하여] 주십시오. [각로 여러분들께 이를 보여 드리고 싶다고 하십니다.] 또한 이 [죽도] 건에 대해서는 서두르고 계시는지요. 만약 서두르신다면 바로 [각로] 각위와 내담하여, 회답하고 싶다고 생각합니다. 만일 그다지 서두르지 않으신다면, 당월은 특히 용무가 많아 번잡

之通ナリ候處来春ニ入候ハヽ早速被仰付候
候得共段々申付候處直ニ右之通ナル上ハ六ヶ敷
其上急ニ事ニ而ハ難成候ニ付
遣候ニ用之事ニ候處池ニ仕候様ニと義
可申上旨上役之者存候處早速申上ル
存候て来月初旬ニ而催候處書遣し
猶又一ツ仕出申達候處

取込申候間来月ニ入候而被差出候様ニ仕度候由被仰聞候故直右衛門申上候ハ此方より差而急申事ニ而無御座候得共被仰付置候御用之事ニ候故油断仕候様ニ茂可被思召上歟与奉存候故早速申上候左候ハヽ来月初旬ニ被仰付候通書直し持参可仕由申達請取帰ル

取り込んでおりますので、来月に入って[この一連の書付を]差し出していただきたいと、そのような話しを[ここで吉左衛門は]申された。それゆえ直右衛門が申し上げたのは、こちらからは差して急ぐと言う様な事ではございませんが[公儀から]御命令を受けた御用の事でございますので[御報告を申し上げなければ]怠慢であると御判断を受けるかとも思い、こうして早速にも申し上げました。そうでございますので、来月の初旬に、御指示の通りに書き直し、また持参いたしますと、そのように申し伝え[この書付を]受け取り[持ち]帰った。

하기 때문에, 다음 달에 [이 일련의 서부를] 제출해 주셨으면 좋겠다고, 그러한 이야기를 [여기서 요시자에몬은] 말하였습니다. 그렇기 때문에 나오에몬이 말씀드린 것은, 이쪽에서는 특히 급하다고 할만한 일은 아닙니다만 [장군의] 명령을 받은 용건이기 때문에 [보고를 하지 않으면] 태만하다고 판단하실 것이라 생각하여, 이렇게 서둘러 말씀드렸습니다. 그러므로 내월 초순에 지시하신 대로 다시 기록하여 지참하겠습니다 라고, 그렇게 말하고 [이 서부를] 수취하여 [가지고] 돌아왔습니다.

一 書簡之写四通ニ押紙ニて所書ニ改被
遣候様ニと之事ニ付此度書改差遣し
ニ改候分是又相添候

一　書翰之写四通ニ押紙ニ而断書被成被遣候様ニ与之御事ニ而四通共ニ御返し被成候故是又取帰ル

[この折に記した平田直右衛門の備忘録]

一　[初度、再度の]書翰[往復]の写し四通には、押紙(張紙)で断り書き(説明文)を記し[改めて]提出するようにとの[豊後守様からの]御指示があった。それゆえ四通共に[こちらに]御返しに成られた。それゆえ、これまた受け取り、持ち帰った。

[이때 기록한 히라다 나오에몬의 비망록]

1. [첫 번째, 두 번째의] 서한 [왕복]의 사본 네 통에는 압지(하리가미)로 (설명문)을 기록하여 [다시] 제출하도록 하라는 [분고노카미사마의] 지시가 있었다. 그래서 네 통 모두 [이쪽에] 돌려주셨다. 때문에 이를 수취하여 돌아왔다.

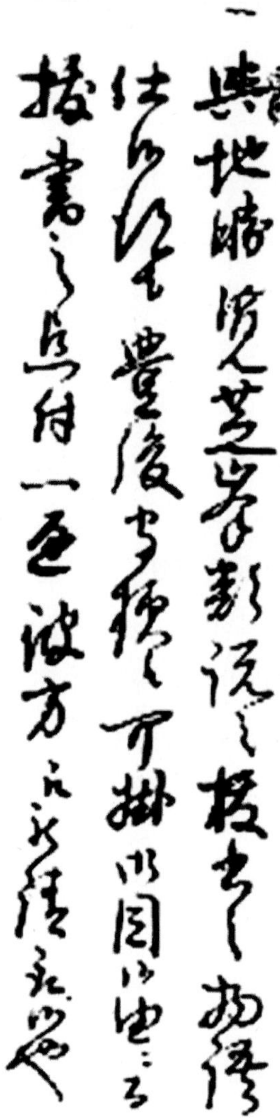

一 与地勝覧芝峯類説之抜書之物語仕候得者豊後守様江可掛御目候由ニ而抜書之点付一通彼方江被請取候也

一 与地勝覧、芝峯類説の[該当する部分を]抜き書きにしておいた。その物語る内容を、豊後守様へ御目に掛けるべきであるとして、抜書きの点付きとしたものを一通、あちら[吉左衛門]へ提出した。それは受け取っていただいた。

1. 여지승람, 지봉유설의 [해당 부분을] 발서해 두었다. 그것이 말하는 내용을 분고노카미사마에게 보여 드려야 한다며, 발서해 모은 것을 1통, 저쪽 [요시자에몬]에게 제출했다. 그것은 수취해 주셨다.

一 竹嶋之渡海伯耆朝鮮之際ニ候得共
彼方ゟ遠近之通り計 要ニ候得ハ程近キ候而し
事ゟ地勝覚苦労致候 ニ而西之[illegible]
労人共ニ而し指気住り被害有つゝみえ
中ニ而ハ是とも慢し奥ニ出かく申ニ付
ヲ以字の知済すへき善ハ由申遣候ニ

一　竹島江渡海仕候者朝鮮江漂着仕候を彼方より送還候刻両度共ニ届無之与之事与地勝覧芝峯類説之書面之趣覚書ニいたし持参仕候故吉左衛門江為見申候得者是をも帳之奥ニ書加へ申候様ニ与被申聞候故得其意候由申達罷帰ル

一　竹嶋へ渡海した[日本人が時に]朝鮮へ漂着することがあった。あちらから送還されたが、その二度の折、その二度共に[あちらから領土侵犯の]届け出は無かった。この事と与地勝覧、芝峯類説の書面の趣旨などを[今回]覚書にして持参した。それを吉左衛門へ見せた所、これも帳面の奥に書き加えて提出するようにと御指示があった。それゆえ[承知致しました]御指示に従いますと申して、罷り帰った。

1. 죽도에 도해한 [일본인이 때로] 조선에 표착하는 일이 있었다. 저쪽에서 송환되었으나, 그 당시 두 번 모두 [저쪽에서 영토침범의] 항의서는 없었다. 이 일과 여지승람, 지봉유설 서면의 취지 등을 [이번] 각서로 해서 지참했다. 그것을 요시자에몬에게 보이자, 이도 장부에 기입해서 제출하라는 지시가 있었다. 때문에 [알겠습니다] 지시에 따르겠습니다 라고 말씀드리고 돌아왔다.

口上之覚

一 竹嶋之儀伯耆ゟ渡海漁仕来候付
以来之事ニ御座候處元禄九年
以来竹嶋江渡海漁候者朝鮮江近候
仕付被下候段遠慮仕候者尚以
ニ付右朝鮮ニ而の内ニ而も候事
ニ候御座候處朝鮮ゟ弥不安候
幕下ニ御敬被存候 存候
奉存候

口上之覚

一　竹嶋江伯耆より致渡海漁仕来候段何年以来之事ニ候哉委不存候得共五十九年以前竹嶋江罷渡漁仕候者朝鮮江漂着仕候付彼国より被送還候書簡留帳ニ相見へ申候右者朝鮮国之内ニ而も唯今ニ至而者申後レニ御座候得共朝鮮国之儀者北京之幕下ニ候故彼方江之聞江をも存申募候哉与奉存候

[十一月二十八日に持参した宗義真から阿部豊後守への]口上之覚

一　竹嶋へは、伯耆から渡海を致し、漁を行っておりました。[その始まりは]今から何年前の事でありましょうか。委しくは存じませんが、今から五十九年前、竹嶋へ渡り漁を行っていた者どもが朝鮮へ漂着するという事がございました。彼の国から[この者どもは]送還されましたが[その折の]書簡が[対馬の]留帳の中にございます。右[の竹嶋に渡って漁を行っていた事については]朝鮮国の内にても[すでに承知の事でございました。] 唯今に至って[日本人の島への渡海を差し止めるというのは、まさに]申し後れと言うもので御座います。しかし朝鮮国と言うのは、北京(清国)の幕下でございますので、あちら[清国]への聞こえを慮り[このように]申し募っている事と思います。

[11월 28일에 지참한 소우 요시자네가 아베 분고노카미에게 보낸] 구상지각

1. 죽도에는 호우키에서 도해해 어렵하고 있었습니다. [그 시작은] 지금부터 몇 년 전일까요. 자세히는 알지 못합니다만, 59년 전

죽도에 건너가 어렵을 하고 있었던 자들이 조선에 표착한 일이 있었습니다. 그 나라에서 [이 자들은] 송환되었습니다만 [그때의] 서간이 [쓰시마의] 기록에 있습니다. 위[의 죽도에 건너 어렵을 하고 있었던 일에 대해서]는 조선국에서도 [이미 알고 있는 일이었습니다.] 지금에 이르러 [일본인이 섬에 도해하는 것을 금지시킨다는 것은, 그야말로] 때가 늦은 것입니다. 그러나 조선국이란 북경(청국)의 막하이기 때문에, 저쪽 [청국]에 알려질 것을 우려하여 [이렇게] 강하게 말하는 것이라고 생각합니다.

一 大君御代々年久敷被成御来之
被思召も然者為其御使者唯今何角
不申越以後朝鮮之一人参ニ而も甚候
未及申達候其事御申候も一宮御座
亦之存候所見無之朝鮮之風俗家
何事一通之協御意ニ而今之通候之
様以被思召も大切之可存事大御
申達而之分之申之承仕度候趣
申達候様可仕之存候以上

一　右之通り日本より年久敷致渡海来候事彼国ニも能乍存其届も無之唯今何角被申越候段朝鮮国之不念ニ候故其段急度申達候ハヽ若事済申儀も可有御座哉与奉存候得共惣而朝鮮之国風不依何事一応ニ而埒明不申候今度之儀者猶以彼国ニも大切ニ可存候間大体ニ申達候分ニ而者中々承引仕間敷候稠敷申達候様ニ可仕与奉存候

一　右の通り、日本からは長年に亘り[この島に]渡海を致し[漁を行って]来た経緯があり、彼の国でも[この日本人の渡海については]よく知られた事でございました。[そのような事実を知っていながら、これまで咎める事もなく、また]その[異議申し立ての]届け出すらありませんでした。唯今に至り[改めて]何かと[異議を]申し立てて来るような事は、朝鮮国の不念[すなわち失態あるいは粗忽]と言うものでございます。そういう事でございますので[こちらから]きっぱりと申し入れを行えば、あるいは事は済んでしまうのではないか、そのような事も[大いに]有り得る事だと考えております。しかし一般的に言えば、朝鮮国の国風と言うのは、何事に依らず一応に埒の明かぬ事であります。今度の事は、殊更、彼の国にとっても大切に思う所でございましょう。それゆえ大まかに申し入れただけでは、中々承引する事は難しいと思います。[それゆえ、ここは]事細かく申し入れを行うべきと[そのように]考えております。

1. 위처럼 일본에서는 오랜 세월에 걸쳐 [이 섬에] 도해해 [어렵을

행해] 온 경위가 있어, 그 나라에서도 [일본인의 도해에 대해서는] 잘 알고 있었습니다. [그러한 사실을 알고 있으면서, 지금까지 책망하는 일도 없었고, 또] 그 [이의를 제기하는] 제기서조차 없었습니다. 지금에서야 [새삼스럽게] 뭐라 [이의를] 말해오는 것은, 조선국의 생각없는 [즉 실태 혹은 경솔]이라고 할 수 있는 일입니다. 그러한 일이기 때문에 [이쪽에서] 단호히 요구하면, 어쩌면 일이 해결되지 않을까, 그러한 일도 [흔히] 있을 수 있는 일이라고 생각하고 있습니다. 그러나 일반적으로 말하자면, 조선국의 국풍이라는 것은 어떤 일이든 쉽게 해결되지 않습니다. 이번 일은 특히 그 나라에서도 중요한 일이라고 생각하고 있겠지요. 때문에 적당히 요구하는 것만으로는 좀처럼 해결되기 어렵다고 생각합니다. [그래서 여기서는] 세밀하게 요구해야 한다고 [그렇게] 생각하고 있습니다.

一今度朝鮮ゟ差渡候使者訳官ニ人数も
先例ゟ相増差遣可申ニ付被成方之儀
役人衆へ申請取山積ニ付而ハ手操
ニ而常之事人ハ不致候ニ付古来ゟ申合来候
所之も了職役人ハ萬端情入候様ニ
有之様ニ可申付候左様候ハ右何事も

一　今度朝鮮江差渡候使者召列候人数も先例より相増差渡可申候若彼方取次之役人共江申談候儀不埒ニ候ハヽ其節之様子ニより常ニ日本人不罷通候様ニ古来より申合置候所迄も罷越役人江対談仕候而急度申達候様ニ可申付哉与奉存候右竹嶋之

一　今度、朝鮮へ差し渡す[予定の]使者については、その召し連れる人数も先の例より増やし[威風を以て]差し渡したいと考えております。もしあちらの取次の役人どもが、この会談に際し不埒[の態度]を取れば、その節の様子によっては[こちらは示威の行動を取ろうかと思っております。]常々日本人が罷り通らぬ様、古くから[あちらと]申し合せ置いた所迄も[こちらは敢えて]罷り越し[あちらの]役人へ対談を強い、厳しく申し入れを行うべきと[この度の使者については]思っております[註1]。右、竹嶋の

1. 이번에 조선에 보낼 [예정의] 사자에 대해서는, 그 수행원의 인수도 전보다 늘려 [위풍을 갖추어] 보내고 싶다고 생각하고 있습니다. 만일 저쪽의 주선 역인들이 이 회담에 임해 불손[한 태도]를 취하면, 그때 상황에 따라서는 [이쪽은 시위 행동을 취할까 생각하고 있습니다.] 일상적으로 일본인이 가지 못하도록, 예부터 [저쪽과] 합의해 놓았던 곳까지도 [이쪽은 일부러] 넘어가 [저쪽] 역인에게 대담을 강요해, 엄중히 요구해야 한다고 [이번의 사자에 대해서는] 생각하고 있습니다. 위의 죽도의

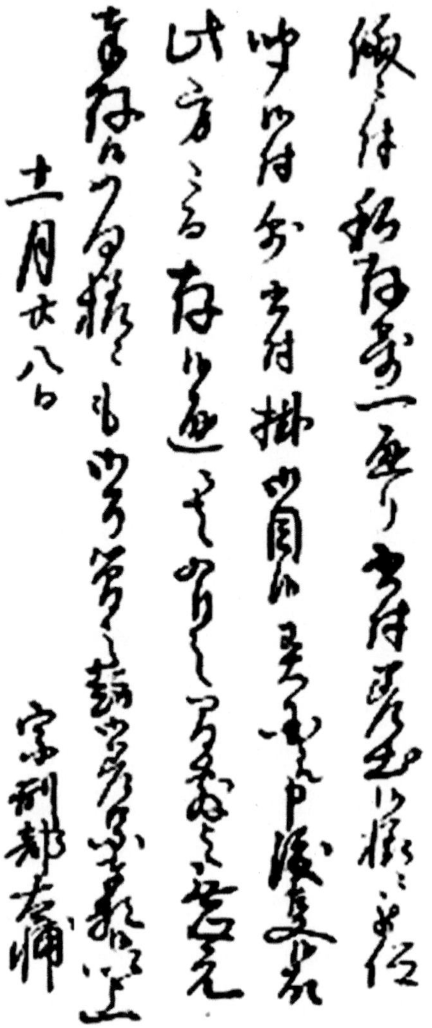
十二月廿八日
宗刑部大輔

儀ニ付私存寄一通り書付差出候様ニ被仰聞候付則書付掛御目候異国江申渡事ニ候故此方ニ而存候通ニ者有之間敷与無心元奉存候如何様ニも御了簡之趣御差図奉願候以上

十一月廿八日　　　　　宗刑部大輔

事に付いて、私の思っている通りの事を一通り書付け差し出すようにと、御指示がございました。それゆえ、ここに書付けを以て[その考えを]御目に掛けました。異国へ申し渡す事であり、こちらで思う通りには、なかなか成り難いもので、不満にも思う所でございますが、どのような御考えの御趣旨であろうと[それに従い、交渉を行う所存でございます。]それゆえ御差図を御願い申し上げます。以上でございます。

十一月二十八日　　　　　宗刑部大輔

일에 대해, 제가 생각하고 있는 대로의 일을 모두 기록해 제출하라는 지시가 있었습니다. 그래서 여기에 서부를 가지고 [그 생각을] 보여 드렸습니다. 이국에 요구하는 일이므로 이쪽에서 생각하는 대로는, 좀처럼 되기 어려운 일로 불만스럽게 생각하는 바입니다만, 어떠한 생각의 취지라 해도 [그에 따라, 교섭을 행할 생각입니다.] 그러므로 지시해 주실 것을 부탁합니다. 이상입니다.

11월 28일　　　　　소우 교우부 타이후

(37-03)

与地勝覧芝峯類説之抜書点付左ニ記之

(37-03)

与地勝覧と芝峯類説の[該当部分を]抜き書きにして、点付として左に記す。

(37-03)

여지승람과 지봉유설의 [해당 부분을] 발서하여 첨부해 아래에 기록한다.

江原道蔚珍縣正東
鬱陵島　輿地勝覧云一名武陵一名羽陵在縣正東海
中三峯岌嶪撑空南峯稍卑風日清明則峯頭樹木
及山根沙渚歴々可見風便則二日可到一説于山鬱陵
本一島地方百里新羅時恃険不服智證王十二年
異斯夫為何瑟羅州軍主謂于山國人愚悍難以威
服可以計服乃多以木造獅子分載戦艦抵其國誑

江原道蔚珍県正東

欝陵島　輿地勝覧ニ云ク一名ハ武陵一名ハ羽陵在リ二県正東ノ海
中ニ一三峯岌業トシテ撑ツレ空ヲ南峯稍卑シテ風日清明ナル時ハ則峯頭ノ樹木
及ヒ山根ノ沙渚歴々トシテ可レ見ル風便ナル時ハ則二日ニシテ可シレ到ル一説ニ于
山欝陵
本ト一島ニシテ地方百里新羅ノ時恃テレ険ヲ不レ服セ智証王十二年
異斯夫為ル二何瑟羅州ノ軍主ト一謂フ下于山国ノ人愚悍ニシテ難ク二以テレ威ヲ
服シ一可シト中以テレ計ヲ服ス上乃チ多ク以テレ木ヲ造リレ獅子ヲ分テ載セ二戦艦ニ一
抵ラ二其国ニ一誑テ

〔読み下し文〕

江原道、蔚珍県の正しく東

欝陵島　輿地勝覧に云く、一名は武陵、一名は羽陵と。県の正東の海中に在り、三峯が岌業として空を撑つ。南峯は稍(やや)卑にして、風日清明なる時は、則ち峯頭の樹木及び山根の沙渚、歴々として見る可し。風便なる時は、則ち二日にして到る可し。一説に于山と欝陵は本(もと)一島にして、地は方百里。新羅の時、険を恃みて服せず。智証王の十二年、異斯夫、何瑟羅州の軍主と為る。于山国の人、愚悍にして、威を以て服し難く、計を以て服す可しと謂う。乃ち多く木を以て獅子を造り、分ちて戦艦に載せ、其の国に抵らせ、これを誑いて

〔現代語訳〕

江原道の蔚珍県の真東、ここに欝陵嶋がある。この欝陵嶋は輿地勝覧に記載があり、武陵嶋とも羽陵嶋とも言い、蔚珍県の真東の海中に在

る。島には三峯があり、高く険しく聳え、空を貫くように見える。三峯の中、南の峯だけが、やや低い。風や日の光が清明である時は、峯頭の樹木や山麓となる浜辺の砂までも、明白に見える。風の便りの良い時は、則ち二日で島に到ることができる。一説によれば、于山と言い欝陵と言うのは、もともとは一島のことであった。その地は方百里。新羅の時、険を恃み服さなかった。智証王の十二年、異斯夫が何瑟羅州の軍主となった時、于山国の人は愚悍であり、威を以ては服し難いので、計を以て服すべきであると判断した。そこで木を以て多くの獅子を造り、戦艦に分けて載せ、其の国に運び入れ、島人を誑かして

강원도 울진현의 진동, 이곳에 울릉도가 있다. 이 울릉도는 여지승람에 기재가 있어, 무릉도라고도 우릉도라고도 말하며, 울진현의 정동 해중에 있다. 섬에는 삼봉이 있는데, 높고 험하게 솟아, 하늘을 찌르는 것처럼 보인다. 삼봉 중, 남쪽 봉만이 약간 낮다. 바람이 부는 청명한 날에는 봉두의 수목이나 산록에 있는 해변의 모래까지 명백하게 보인다. 바람 편이 좋을 때는 곧 이틀 만에 도달할 수 있다. 일설에 의하면 우산이라 하고 울릉이라 하는 것은 원래는 일도를 말하는 것이었다. 그 땅은 방 백 리. 신라 때, 지세가 험한 것을 믿고 복속하지 않았다. 지증왕 12년, 이사부가 하슬라주의 군주가 되었을 때, 우산국 사람은 우한하여 위로서 복속시키기는 어려워, 계로써 복속시켜야 한다고 판단했다. 그래서 나무로 많은 사자를 만들어, 전함에 나누어 싣고 그 나라에 운반해 들어가, 섬사람을 속여

之曰汝若不服則卽放此獸踏殺之國人恐懼來降高麗太祖十三年其島人使白吉土豆獻方物毅宗十三年王聞欝陵地廣土肥可以居民遣溟州道監倉金柔立往視柔立回奏云島中有大山從山頂向東行至海一萬餘步向西行一萬三千餘步向南行一萬五千餘步向北行八千餘步有村落基趾七所或有石佛鐵鐘石塔多生柴胡藁本石南草後崔忠獻獻議以武陵土壤膏沃多珍木海錯遣人往觀之有屋基破礎宛然不知何代人居也於是移東郡民以實之及使還多

レ之曰ク汝チ若シ不ンハレ服セ則即チ放テ二此ノ獣ヲ一踏二殺サン之ヲ一国人恐懼
シテ来降ス高
麗ノ太祖十三年其ノ島人使シテ二下白吉土豆ヲ一献セ中方物ヲ上毅宗十三
年王聞テ下欝陵地広ク土肥ヘテ可キヲ中以テ居シム上レ民ヲ遣シテム下レ溟州道ノ
監倉金柔
立ヲ往テ視セ上柔立回奏シテ云ク島中有リレ大山従リレ山頂向テレ東ニ行至テレ海ニ
一万余歩向テレ西行一万三千余歩向テレ南ニ行一万五千余
歩向テレ北ニ行八千余歩有リ二村落ノ基趾七所一或ハ有リ二石仏鉄
鐘石塔一多ク生ニス柴胡藁本石南草ヲ一後崔忠献献レ議以テス三武
陵土壌膏沃ニシテ多キヲ二珍木海錯ヲ一遣テ下レ人ヲ往テ観セ上レ之ヲ有テ二屋基
破礎一宛
然シシテ不レ知ラ二何レノ代ノ人居ト云フ事ヲ一也於レ是ニ移シテ二東郡ノ民ヲ一以テ
実ヲレ之ニ及テ二使ヒ還ルニ一多ク

曰く、汝、若し服せずんば、則、即ち此の獣を放ちて之を踏み殺さん。国人恐懼して来降す。高麗の太祖の十三年、其の島人、白吉と土豆を使して方物を献せしむ。毅宗の十三年、王、欝陵の地が広く、土肥えて以て民を居らしむべきと聞きて、溟州道の監倉、金柔立を遣して、往きて視せしむ。柔立回奏して云く、島の中に大山有り、山頂従り東に向いて行き海に至りて一万余歩、西に向いて行き一万三千余歩、南に向いて行き一万五千余歩、北に向いて行き八千余歩。村落の基趾七所有り、或は石仏、鉄鐘、石塔有り。柴胡、藁本、石南草を多く生ず。後、崔忠献は議を献じ、武陵の土壌、膏沃にして珍木海錯の多きを以てす。往きて之を観せ、人を遣して、屋基の破れたる礎の有

りて、宛然として何れの代の人の居たるや知らぬ也。是に於いて東郡の民を移して以て之に実を使い還るに及びて、多く

言った。汝ら、もし降服しなければ、直ちに此の獣を解き放ち、汝らを踏み殺させるぞと。国人は恐懼して降服した。高麗の太祖の十三年、其の島人の白吉と土豆とが使者となって、王に方物を献上してきた。毅宗の十三年、王は欝陵の地が広く、土地も肥えているので、民を居住させてはどうかと聞くことがあった。そこで溟州道の監倉の金柔立を島に遣した。金柔立は島に往き、その土地を偵察した。そして戻り、奏上した。島の中には大山が有ります。その山頂から東へ向いて行けば海に至ります。その距離は一万余歩であります。その山から西に向いて行けば一万三千余歩、南に向いて行けば一万五千余歩、北に向いて行けば八千余歩で海に出ます。村落の基趾が七箇所ほど有りました。そこには或は石仏や鉄鐘や石塔が有りました。島には柴胡や藁本や石南草などが数多く生じています[と報告した。]後に崔忠献は、武陵の土壌は膏沃であり[その地には]珍木や海錯が数多くあると[朝廷に]議を献じた。人を遣して島に往かせ、これを観せると[島には]家屋の跡や、その基礎の破損したものなどが有った。[その痕跡は]漠然としていて、いつの時代の人が居住していたのかは不明であった。このような様子であったから、東部の郡邑の民を[この島に]移し、以て実りを[期待し]使役した。[島から]還るに及び、多くの

말했다. 너희들이 만일 복속하지 않는다면, 즉시 이 짐승을 풀어 너희들을 밟아 죽이게 하겠다 라고. 우산국 사람들은 두려워하며 항복했다. 고려 태조 13년에 그 섬사람 백길과 토두가 사자가 되어, 왕에게 방물을 헌상해 왔다. 의종 13년, 왕은 울릉도의 땅이 넓고, 토지도 기름지므로 민을 거주시키면 어떨까 라고 물었다. 그래서 명주도의 감창 김유립을 섬에 파견했다. 김유립은 섬에 가서 그 토지를 정찰했다. 그리고 돌아와 주상했다. 섬 중에는 큰 산이 있습니다. 그 산정에서 동으로 향해 가면 바다에 이릅니다. 그 거리는 1만여 보입니다. 그 산에서 서로 향해 가면 1만 3천여 보, 남으로 향해 가면 1만 5천여 보, 북으로 향해 가면 8천여 보로 바다가 나옵니다. 촌락의 기지가 7개 소정도 있습니다. 그곳에는 혹은 석불이나 철종, 석탑이 있습니다. 섬에는 시호와 고본, 석남초 등이 많이 있습니다 [라고 보고했다.] 후에 최충헌은 무릉의 토양은 비옥하고 [그 땅에는] 진목과 해착이 많이 있다고 [조정에] 보고를 올렸다. 사람을 파견하여 섬에 보내, 이를 살피게 하니 [섬에는] 가옥의 흔적과 그 기초가 파손된 것 등이 있었다. [그 흔적은] 막연하여, 어느 시대의 사람이 거주한 것인지는 불명이었다. 이 같은 상황이었으므로, 동부의 군읍민을 [이 섬에] 이주시켜 그로 인한 결실을 [기대하며] 사역했다. [섬에서] 돌아올 당시, 많은

以珍木海錯進之後屢為風濤所蕩覆舟人多物
故因還其居民本朝太宗時聞流民逃其島者甚
多再命三陟人金麟雨為按撫使刷出空其地麟
雨言土地沃饒竹大如杠鼠大如猫桃核大於升凡物
稱是世宗二十年遣縣人萬戶南顥率數百人往
搜逋民盡俘金丸等七十餘人而還其地遂空成
宗二年有告別有三峯島者乃遣朴宗元往見
之因風濤不得泊而還同行二船泊鬱陵島只取
大竹大鰒魚回啓云島中無居民矣

以テ二珍木海錯ヲ一進ムレ之ヲ後チ屡々為メニレ風涛ノ所シテレ蕩ハ覆シテレ舟ヲ人
多ク物
故ス因テ還ヘス二其ノ居民ヲ一本朝太宗ノ時聞テ下流民逃ルヽ二其ノ島ニ一者ノ甚タ
多シト上再ヒ命シテ二三陟ノ人金麟雨ニ一為シ二按撫使ト一刷出シテ空ス二其地ヲ一麟
雨言ラク土地沃饒竹大サ如クレ杠ノ鼠大サ如クレ猫桃核大ナリ二於升ヨリモ一凡ソノ物
稍レ是ニ世宗二十年遣テ二県人万戸南顥ヲ一率テ二数百人ヲ一往テ
捜二浦民ヲ一尽ク俘ニシテ二金丸等七十余人ヲ一而還ル其ノ地遂ニ空シ成
宗二年有リ下告クル三別ニ有リト二三峯島一者ノ上乃チ遣シテム下レ朴宗元ヲ往テ
覓シテ上レ
之因二風涛ニ一不レ得レ泊スルコトヲ而還ル同行ノ二船泊シテ二欝陵島ニ一只取テ二
大竹大鰒魚ヲ一回ル啓シテ云ク島中無シト二居民一矣

珍木海錯を以て之を進む。後(のち)屡々、風涛の為に蕩は所して舟を覆して人多く物故す。因て其の居民を還す。本朝の太宗の時、流民が其の島に逃るゝ者の甚しく多しと聞きて、再び三陟の人、金麟雨に命じて按撫使と為し、刷出して其の地を空とす。麟雨言えらく、土地は沃饒にして、竹の大きさ杠の如く、鼠の大きさ猫の如く、桃の核、升よりも大。凡の物、是に稍たり。世宗の二十年、県人万戸の南顥を遣して、数百人を率いて往きて浦民を捜し、尽く金丸等七十余人を俘にして還る。其の地、遂に空し。成宗の二年、別に三峯島の有りと告ぐる者の有り。乃ち朴宗元を遣わし、之を往き覓(もとめ)しめむ。風涛に因りて、泊する事を得ずして還るも、同行の二船、欝陵島に泊して、只大竹、大鰒魚を取りて回る。啓に云く、島中、居民無しと。

木海錯を[得ることができ]以て之を進上することができた。後にも屡々[島に往かせるが]風涛の為に漂蕩し、あるいは舟は転覆し、多くの人命を失った。そのようなことで其の居民を[本土に]送還することになった。本朝の太宗の時、流民が其の島に逃げる事があり、そのような者たちが甚だしく多くなってきたと聞いた。そこで再び、三陟人の金麟雨に命じ、按撫使と為して[島に赴かせた。そして島人を悉く]刷出し、其の地を空虚にした。金麟雨が言うことには、土地は肥沃豊饒で、竹の大きさは[巨木の]杠(ゆずりは)のようである。鼠の大きさは猫のように大きく、桃の核は升よりも大きい。大凡の物が、ここでは少しばかり違っていると言う。世宗の二十年には、蔚珍県の人で、万戸の南顥を[島に]遣した。[南顥は]数百人を率いて島に往き、その逃れ来た民を捜し出し、尽く捕らえていった。金丸など七十余人を俘虜にして[本土に]連れ還った。こうしてその土地は遂に空虚となった。成宗の二年[この東海において、欝陵島とは]別に、三峯島という島が有ると告げる者がいた。そこで朴宗元を派遣し、この東海に往き、島を覓(もとめ)させた。だが風涛によって[目的の]島に[到達できず、もとより]停泊する事もできず[本土に]引き返した。同行の二船[も三峯島を発見することはできず]欝陵島に停泊し、ここで只大竹や大鰒魚を取り、引き返すだけであった。彼らが上啓した事は、欝陵島の中に居民はいなかったと、そのような事であった。

진목 해착을 [얻을 수 있어] 그것을 진상할 수 있었다. 후에도 여러 번 [섬에 파견했으나] 태풍 때문에 표류하여, 어떤 배는 전복해 많은 인명을 잃었다. 그와 같은 일로 그 주민을 [본토로] 송환하게 되었다.

조선 태종 때, 유민이 그 섬에 도망가는 일이 있어, 그 같은 자들이 매우 많아졌다고 들었다. 그래서 다시 삼척인 김인우를 안무사로 명해 [섬에 보냈다. 그리고 도인을 모두] 쇄출하여, 그 땅을 공허로 했다. 김인우가 말하기를, 토지는 비옥 풍요하여 대의 크기는 [거목] 굴거리나무와 같다. 쥐의 크기는 큰 고양이처럼 크고, 복숭아씨는 되보다 크다. 대부분 것들이 이곳에서는 조금 다르다고 한다. 세종 20년에는 울진현 사람, 만호인 남호를 [섬에] 보냈다. [남호]는 수백 인을 이끌고 섬에 가서, 그 도피해 온 민을 찾아내어, 모두 붙잡아 갔다. 김환 등 70여 인을 포로로 해서 [본토로] 끌고 돌아왔다. 이렇게 해서 그 토지는 공허가 되었다. 성종 2년에 [이 동해의 울릉도와는] 별개의 삼봉도라는 섬이 있다고 알려온 자가 있었다. 그래서 박종완을 파견하여, 그 동해에 보내 섬을 찾게 했다. 그러나 풍랑 때문에 [목적의] 섬에 [도달하지 못 하고, 아예] 정박도 하지 못 하고 [본토로] 돌아왔다. 동행한 2선[도 삼봉도를 발견하지 못하고] 울릉도에 정박하여, 이곳에서 다만 대죽과 전복을 잡아 돌아왔을 뿐이었다. 그들이 상계한 것은 울릉도 안에 주민은 없었다는, 그러한 일이었다.

芝峯類說云欝陵島一名武陵一名羽陵在東海中與
蔚珍縣相對島中有大山地方百里風便二日可到新
羅智證王時號于山國降新羅納土貢高麗太祖
時島人獻方物我太宗朝遣按撫使刷出流民空
其地地沃饒竹大如杠鼠大如猫桃核大於升云壬
辰變後人有往見者亦被倭焚掠無復人烟近聞倭
奴占據礒竹島或謂礒竹即蔚陵島也

芝峯類説

〔抜書点付〕

芝峯類説ニ云ク欝陵島一名ハ武陵一名ハ羽陵在テ二東ノ海ノ中ニ一与二
蔚珎県一相対ス島中有リ二大山一地方百里風便ナル時ハ二日ニ可レ到新
羅智証王ノ時号ス二于山国ト一降テ二新羅ニ一納ル二土貢ヲ一高麗ノ太祖ノ
時キ島人ノ献ス二方物ヲ一我太宗ノ朝ニ遣テレ按撫使ヲ刷二出シ流民ヲ一空ス二
其地ヲ一地沃饒竹ノ大サ如クレ杠ノ鼠ノ大サ如クレ猫桃核大ナリト二於升ヨリモ一
云フ壬
辰ノ変後人有リ下往テ見ル者ノ上亦タ被レテ二倭ニ焚掠セ一無シ二復タ人烟一近
聞ク倭
奴占メ二拠ルト礒竹島ニ一或ハ謂フ礒竹ハ即チ蔚陵島ナリト也

〔読み下し文〕

芝峯類説に云く、欝陵島は、一名は武陵、一名は羽陵、東の海の中に在りて、蔚珎県と相対す。島中に大山有り。その地は方百里、風の便なる時は二日にして到る可し。新羅の智証王の時、于山国と号す。新羅に降りて土貢を納る。高麗の太祖の時、島人が方物を献ず。我が太宗の朝に按撫使を遣して、流民を刷出し、其地を空とす。地は沃饒し、竹の大なるは杠の如く、鼠の大なるは猫の如く、桃の核は升よりも大なりと云う。壬辰の変の後、人往きて見る者の有り。亦た倭に焚掠せられて、復た人烟無し。近く聞く、倭奴礒竹島に占め拠ると。或は謂う、礒竹は即ち蔚陵島なりと也。

〔現代語訳〕

芝峯類説は云う。欝陵嶋とは一名を武陵嶋また一名を羽陵嶋と称する。東の海の中に在り、蔚珎県と相対する。その島中には大山が有る。その地は方百里である。風の便なる時は、二日で到達できる距離にある。新羅の智証王の時代、于山国と号した。新羅に投降し、土貢を納入していた。高麗の太祖の時代、島人は方物を献じて来た。我が太宗の朝では、按撫使を派遣し[島の]流民を刷出し、其の地を空虚にした。島の土地は肥沃豊饒で、竹は大きく杠(ゆずりは)のようである。鼠は大きく猫のようである。桃の核は升よりも大きいと云う。壬辰の変の後、島に渡り往き[その様子を]見てみる者が有った。島は倭に焚掠せられ、人烟など[一切]無かった。最近聞いたことであるが、倭奴が礒竹島を占拠しているという。或は[また人々が]謂うことであるが、この礒竹嶋というのは、即ち蔚陵島であるのだと、そのように謂う。

지봉유설은 말한다. 울릉도란 일명을 무릉도 또 다른 일명을 우릉도라고 칭한다. 동해 중에 있으며 울진현과 마주한다. 그 섬 안에는 대산이 있다. 그 땅은 방백리이다. 바람이 좋을 때는 2일 만에 도달할 수 있는 거리에 있다. 신라의 지증왕 시대, 우산국으로 칭했다. 신라에 투항하여 토공을 납입하고 있었다. 고려 태조 시대에 도인은 방물을 헌상해 왔다. 우리 태종조에는 안무사를 파견하여 [섬의] 유민을 쇄출하고 그 땅을 공허로 했다. 섬의 토지는 비옥 풍요하여, 대의 크기는 굴거리나무와 같다. 쥐의 크기는 고양이 같다. 복숭아 씨는 되보다도 크다 한다. 임진 변 후, 섬에 건너가 [그 상황을] 본 자가 있었다.

섬은 왜에 침탈당해, 사람과 연기 등은 [일체] 없었다. 최근 들은 일인데, 왜노가 의죽도를 점령하고 있다 한다. 혹은 [또 사람들이] 말하길, 그 의죽도라는 것은 곧 울릉도라고 그렇게 말한다.

一 十二月六日豊後様より主水へ参上候様
申来候ニ付対面之処八日ニハ御渡候ニ付御座
口上書ニ而一帳ニ書集メ写置候ニも
如此之処押紙仕候而御渡被下処ニ
御出候を何島ニ成ニ付 当年私共[illegible]
ニ御座候処私も何歳ん内證ニ而申請候
写し影書ニ茂及申候ニ而誠ニ[illegible]

(37-04)

〃十二月六日豊後守様江直右衛門参上三沢吉左衛門江対面先月廿八日ニ被仰付候通口上書不残一帳ニ書集書簡之写ニも如御差図押紙仕候由ニ而差上候処被仰出候者竹島之儀ニ付思召寄私江内証被仰聞候故私も何茂江内証ニ而申談候付間々之断書ニ茂及不申候不残ケ条書ニ

(37-04)

〃十二月六日、豊後守様方へ直右衛門が参上した。三沢吉左衛門へ対面し、先月二十八日に仰せ付けられた通り、口上書を残らず一帳に書き集め、その書簡の写しにも、御差図の如く押紙をして[必要事項を書き加え]差し上げた。そのような処で[吉左衛門が]お話し下さった事は[次の通りである。すなわち]竹嶋の事に付き[豊後守様は、その]お考えを私(吉左衛門)に内証でお聞かせ下さった。それゆえ私も、いずれへも内証で[貴殿(直右衛門)にだけ]申し述べる事にするが、この口上書に付いては、その合間々々の断り書きも、もう必要は無い。[整理し]残らず箇条書きに

(37-04)

〃12월 6일 분고노카미사마 쪽에 나오에몬이 참상했다. 미사와 요시자에몬을 대면하여, 선월 28일에 명령받은 대로 구상서를 남김없이 1장에 모아 기록해, 그 서간 사본에도 지시하신 부전지(오시가미=오우시)를 첨부해 [필요사항을 첨필해] 바쳤다. 그때 [요시자에몬이] 이야기해준 것은 [다음과 같다. 즉] 죽도의 일에 대해 [분고노카미사마는 그] 생각을 나(요시자에몬)에게 비밀리

에 이야기해주셨다. 때문에 나도 모두에게는 비밀로 하고 [당신(나오에몬)에게만] 이야기하겠는데, 이 구상서에 대해서는 그 중간 설명도 이제 필요없다. [정리하여] 남김없이 항목별로 기록

之儀宇細ニ候共諸縷數ヶ條
御理之儀當座二ツ折ニ〆被差出
御積ニ而候處帳面ニ而返し被成候
筈ニ而朝鮮ゟ差遣候節御返答付
其趣ニ而相成候然ニ御用意被為
請取不申候

被成字も細字ニ行をも詰紙数少くなく候様ニ被成御用箱ニ入候間二ツ折ニ被成被遣候様ニ与之御事ニ而帳面御返し被成返簡之写ニ者朝鮮江差置取帰不申候段御書付被遣候様ニ与之御事ニ而御返し被成候故請取罷帰ル

成さり、字も細字にして行を詰め、紙数を少なく成るようにして[正式な]御用箱（ごようばこ）にお入れ下さい。[箱に入れる形は]二つ折りにして[御納め下さり、それをこちらに]御提出なさる様にとの事でございました。このように[吉左衛門は、こちらに正式の公儀への上申書の形を内々で]告げ、帳面を御返しに成られた。その返簡の写しについては、朝鮮へ差し置いたままにし[日本へ]持ち帰っていないと言う事を[ここにきちんと]御書付け下さって提出する様にと[さらに言葉を添て]御返しに成られた。それゆえ、それを請け取り、罷り帰った。

하시고, 글자도 작게 해서 행을 좁혀 종이 매수를 줄여 [정식] 문서상자에 넣어 주십시오. [상자에 넣는 형식은] 둘로 접어 [넣어 주시고, 그것을 이쪽에] 제출하시라는 것이었습니다. 이처럼 [요시자에몬은 이쪽에 정식으로 장군에게 보내는 상신서의 형식을 은밀하게] 알려주고 장부를 돌려주셨다. 그 반한 사본에 대해서는 조선에 놓아둔 채 [일본에] 가지고 돌아오지 않았다는 것을 [여기에 분명히] 기록하시어 제출하라고 [특히 첨언하시어] 돌려주셨다. 그래서 그것을 수취해 돌아왔다.

一　右書付之趣委細承届候土屋相模守江八右衛門差遣之

則同上書并覚書二通一帖仕候紙面ニ記

(37-05)

〃右直右衛門持参差出候十一月廿五日同廿八日迄之御口上書并覚書二通一帳仕候紙面左ニ記

(37-05)

〃右の直右衛門が持参し差し出した十一月二十五日と同月二十八日の御口上書、ならびに覚書の二通を[まとめたものを]左に記す。これは[書付の合間々々に断り書きを挟み込み]一帳に仕立て置いたものである。

(37-05)

〃위의 나오에몬이 지참하여 제출한 11월 25일과 28일의 구상서 및 각서 두 통을 [정리한 것을] 아래에 기록한다. 이것은 [서부 중간에 설명서를 삽입하여] 하나의 장부로 만든 것이다.

口上之覚

一 去秋同氏對馬守方ゟ申上候通竹島え
朝鮮人之者漁候ニ付て御申付之右
之趣申渡候ニ返簡之内蔚陵島与申
文句御座候ニ付此方ゟ申達候文言ニ而竹
蔚陵島与申候儀相除候様ニ差越候處
申達候処蔚陵島与申候儀ハ書載之文
書之通書載仕来候處先篇ゟ緩被添候
分ニ而ハ此方之様子申候而難承仕

口上之覚

一　去秋同氏対馬守方より申上候通竹嶋江重而朝鮮人不罷渡候様可被申付之旨以書簡申渡候返簡之内蔚陵嶋与申文句御座候故此方より不申遣事ニ候間蔚陵嶋与申儀相除被差越候様ニ与申達候処蔚陵嶋与申儀者彼国ニも心入有之而書載仕置候得共兎角紛敷認候分ニ而者此方ニ請取不申候段推察仕

口上之覚

一　去年(元禄七年)の秋、宗対馬守(宗義倫)方から申し上げた通り、竹嶋へ再び朝鮮人が罷り渡らぬよう[朝鮮の朝廷から海辺の民へ、その制禁を]申し付けるべき旨を、書簡を以て[あちらに]申し伝えました。[すると返簡が参り]その返簡の内に、蔚陵嶋と言う文字が御座いました。こちらから申し入れていない島であるのに[あえて]蔚陵嶋と言い出す[のは、おかしな事であるので]その文字を取り除いた書簡を[こちらに]差し返すようにと[あちらに]申し伝えました。すると蔚陵嶋と言う島の名については、彼の国にも心入れがあり[それゆえ]わざわざ書き載せたものであるとの事でございました。だが何かと紛しくしたためた分であるので、こちらではお受け取りできないと[お断りし]あちらの事情を推察しつつ、

구상지각

1. 작년(원록 7년) 가을에 소우 쓰시마노카미(소우 요시쓰구) 측이 말씀드린 대로, 죽도에 다시 조선인이 건너오지 않도록 [조선 조

정이 해변의 인민에게 그 제금을] 명해야 한다는 뜻을, 서간으로 [저쪽에] 전달했습니다. [그러자 반한이 왔는데] 그 반한에 울릉도라는 문자가 있었습니다. 이쪽에서 언급하지 않은 섬인데 [일부러] 울릉도라고 언급하는 [것은 이상한 일이기 때문에] 그 문자를 삭제한 서간을 [이쪽에] 돌려줄 것을 [저쪽에] 전달했습니다. 그러자 울릉도라는 도명에 대해서는, 그 나라에도 생각이 있어 [때문에] 일부러 기재한 것이라는 것이었습니다. 그러나 무언가 혼란스럽게 기록한 문장으로, 이쪽에서는 수취할 수 없다고 [거절하고] 저쪽 사정을 추찰하면서

候得共此段者 神之思召ニ難計候得共何様之
朝鮮之義 蕃陵之者共之内難儀相成候人
被為入候而 其御縁根之為御付根之義勤候
儀之儀者 方々存分之趣被方々中候処
義者共付内對馬守相果申候処延引候
事分之候儀 御付御座候而相成事之程方々
可申候処 以上之事御座候得共付根之儀
方々中迄右之趣御座候被申候 義者御座
候得共御念之趣御座候 可被仰聞候

候哉此度者初之返簡之趣与引替竹嶋者朝鮮国之蔚陵嶋ニ而御座候間日本人彼嶋江不罷渡候様ニ被仰付候様ニ与相認候依之使者方より存寄之趣彼方江申談未落着不仕候内対馬守相果申候然処ニ私江当分役儀被仰付候故右之段重而私方より可申渡候間其節返簡被仕候様ニ与使者方より申達右之返簡者彼国江差置帰国仕候為念返簡之写掛御目候

なお交渉を重ねて参りました。[そのような中]この度[再度の返簡が送られて来ました。] 初めの返簡の趣旨と打って変わり[今回のものは]この竹嶋とは朝鮮国の蔚陵嶋の事であると[そのように明確に書き載せて]ありました。それゆえ日本人は彼の島へ[今後]罷り渡らぬよう[公儀から日本の海辺の民へ]仰せ付け下さるようにと、そのようにしたためてございました。このような事でありますので、使者の方から[このような新たな申し入れは不同意であると、こちらの]考えている趣旨を[再び]あちらへ申し伝え[なおも交渉を行っておりました。]未だ落着に至らぬ内に、対馬守が[病で]死去してしまいました。そのような事で私(宗義真)の方へ、当分[の間、朝鮮の]役儀[を執り行うようにと、公儀から]仰せ付けがございました。それゆえ右[懸案]の事項は、重ねて私の方から[あちらへ]申し渡すべき事となりました。[そのような新たな交渉がなされる]その節には[新たな宜しい]返簡が参るよう、使者方から[あちらへ新たな]申し入れをしようと思っております。そして右の[同意できぬ]返簡は[持ち帰らず]彼の国へ差し置いたままにして[この使者には]帰国を命じました。念のため、その[持ち帰らなかった]返翰の写しを[別紙にて]御目に掛けます。

계속 교섭을 거듭해왔습니다. [그러던 중] 이번에 [두 번째 반한을 보내왔습니다.] 첫 번째 반한의 취지와 크게 바뀌어 [이번의 것은] 이죽도라는 것은 조선국의 울릉도라고 [그처럼 명확히 기재하고] 있습니다. 그렇기 때문에 일본인은 그 섬에 [금후로는] 건너지 않도록 [장군이 일본 해변의 민에게] 명해주시라는, 그러한 문장이었습니다. 이와 같은 일이기 때문에 사자 측에서 [이러한 새로운 요구에는 동의할 수 없다고, 이쪽이] 생각하고 있는 취지를 [다시] 저쪽에 전달하여 [아직도 교섭을 행하고 있습니다.] 아직 낙착에 이르기 전에 쓰시마노카미가 [병으로] 사거하고 말았습니다. 그와 같은 일로 제(소우 요시자네) 쪽에 당분[간 조선의] 역의[를 집행하도록 하라는 장군의] 명이 있었습니다. 그렇기 때문에 위 [현안]의 사항은 거듭해서 제 쪽에서 [저쪽에] 요구해야 하는 일이 되었습니다. [그와 같이 새로운 교섭이 이루어질] 때는 [새로운 좋은] 반한이 올 수 있도록 사자 쪽에서 [저쪽에 새로운] 요구를 하려고 생각하고 있습니다. 그리고 위의 [동의할 수 없는] 반한은 [가지고 돌아오지 않고] 그 나라에 놓아둔 채 [이번 사자에게는] 귀국을 명하였습니다. 만일에 대비해 [가져오지 않은] 반한의 사본을 [별지로] 보여 드립니다.

一 去年對馬守方ゟ申渡候書面之趣
朝鮮方ゟ及て可申遣之旨申候ニ付變之義候
御請難成候て相聞候ニ付不審ニ存候朝鮮ゟ
儀ニ付今一人ニ被付趣を尺今對馬へ
申越勘定儀相濟候而仕置候相聞候而
申談事ニ候ハヽ存候て朝鮮ニ申入宜在之
由存候ニ申候ニ付申上候處朝鮮ゟ返答も
有之義ハ日本ゟ承候て如何無之様ニ任候
二門意存候

一　去年対馬守方より申渡候書面之趣私方より又々可申遣与奉存候就夫書簡之認様なと相談仕候為ニ御座候間輪番之僧之内今一人被仰付被差下只今対州江在勤之僧与相談為仕書簡相認差渡申度奉存候左候ハヽ朝鮮国之存入も宜有御座与奉存候故申上候若私方江之返簡も右之趣同前ニ御座候ハヽ如何返答可仕候哉御内意奉伺候

一　去年(元禄七年)対馬守方から[あちらへ]申し渡した書面の趣旨を[この度]私方から又々[あちらへ]申し遣わすべきと思っております。それに就いて、書簡のしたため様などを相談いたしたい為[文書能力に長けた]輪番の僧の内、今一人を[その御用に]仰せ付け下さり[対馬に]差し下していただきたいと存じます。唯今、対州に在勤の僧と、よく相談せしめ、互いにこの書簡で宜しいとなって[それで始めて、あちらへ書簡を]差し渡そうと思っております。そうすれば朝鮮国の側も理解が進み、交渉も宜しく進展するのではないかと考えます。それゆえ[輪番僧の派遣を]こうしてお願い申し上げます。[しかしながら、あちらに書簡を送り]もし私の方へ[あちらから]返簡が来て[その内容が]右の通り同前の[やはり同意できないような]事で御座いましたら[この後の交渉は]如何なる[方針であちらへ]返答を行うべきでございましょうか。その御内意を[お示しいただくよう]お伺いを致します。

1. 작년(원록 7년) 쓰시마노카미가 [저쪽에] 건넨 서면의 취지를 [이번에] 제 쪽에서 다시 [저쪽에] 요구해 보내야 한다고 생각하

고 있습니다. 그것에 대해 서간을 기록하는 방법 등을 상담하기 위해 [문서능력이 뛰어난] 윤번승 중, 한 사람을 [그 용무로] 명하여 [쓰시마로] 보내 주셨으면 생각합니다. 지금 타이슈우에 재근하는 승과 잘 상담하여 서로가 이 서간으로 좋다고 하면 [그때 비로소 저쪽에 서간을] 보낼 생각입니다. 그렇게 하면 조선국 측도 이해하게 되어, 교섭도 잘 진전될 것이라고 생각합니다. 그렇기 때문에 [윤번승의 파견을] 이렇게 원하는 것입니다. [그러나 저쪽에 서간을 보내] 만일 제 쪽에 [저쪽에서] 반한이 왔는데 [그 내용이] 위처럼 전과 같은 [역시 동의할 수 없는] 것이라면 [이후 교섭은] 어떤 [방침으로 저쪽에] 반답을 해야 하는 것인지요. 그 속내를 [알려주시길] 청합니다.

一 去々年竹嶋江為漁朝鮮人参候
彼国江送遣候処従国王為謝礼書翰差越候
存来候公儀江も不申達候而遣候於途中を
[illegible]様々御記之亦作付候[illegible]対馬守方へ為
[illegible]以後を[illegible]候[illegible]出付送遣
候上[illegible]候[illegible]様ら[illegible]対馬守

一　去々年竹嶋ニ而被留置候朝鮮人弐人彼国江送届候処漁民共因幡府を江戸与存東武より長崎迄被送遣候於途中者結構ニ御馳走被仰付候得共対馬守方江御渡被成候以後者警固等厳敷申付送還候段上之思召者左様ニ而無之候得共対馬守

一　去々年(元禄六年)竹嶋にて[捕らえられ、因伯に]留め置かれた朝鮮人二人を、彼の国へ送り届けた処、その漁民どもは因幡府を江戸と思い違いを致したようでございます。[彼らが言うには]東武から長崎まで送り遣わされた途中[大切に扱われ]結構に御馳走をしていただいた。だが対馬守方へ御渡しに成られた以後、警固などは厳しく申し付けられ[罪人のようにして]送り帰されてしまった。このような[酷い扱いとなるような]事は[江戸の]上の方のお考えでは無く[これは]対馬守の

1. 재작년(원록 6년)에 죽도에서 [포획당해 인하쿠에] 연행되었던 조선인 두 사람을 그 나라에 송환하자, 그 어민들은 이나바를 에도라고 착각한 것 같습니다. [그들이 말하기를] 동무에서 나가사키로 송환되는 도중에 [소중히 취급되어] 상당히 좋은 대접을 받았다. 그러나 쓰시마노카미 측에 넘겨진 이후, 감시 등을 엄중히 명하여 [죄인처럼] 송환되고 말았다. 이와 같은 [심한 취급을 받게 된] 일은 [에도] 윗분의 생각이 아니라, [이는] 쓰시마노카미의

猶以御用之儀以書状 従公儀申達候処
儀之候哉 先達而 朝鮮人江及御懸候
之儀も殊に対馬守へ別して被仰付
被仰付候之儀 ?? 致 従公儀及御沙汰
有之候趣之儀も 従公儀之書付以上

十二月廿五日

宗刑部大輔

私之了簡を以如此仕候通申たる由ニ御座候依之竹嶋江重而朝鮮人不被差渡候様ニ与之儀も弥以対馬守私之存寄ニ而申渡候哉与彼国ニ而邪推仕候由及承候夫故右之通之返簡をも仕候哉与奉存候以上

十一月廿五日　　　　　　宗刑部大輔

私的な考えによるものである。[その対馬守によって]このような[理不尽な]扱いを受けたのだと、その通りの事を[あちらの朝廷に]報告したようでございます。この[二人の報告]に依って、竹嶋へ再び朝鮮人が渡海しないようにと[対馬が朝鮮に]申し渡した事は、いよいよ以て対馬守が[公儀と図る事なく]私的な考えで申し入れたものと、彼の国では邪推するようになりました。そのように[こちら対馬では]聞き及んでおります。それゆえ[あちらの朝廷から、対馬は反感を持たれ、その結果]右の通りの返簡が参るようになったと[こちらでは]思っております。以上でございます。

十一月二十五日　　　　　　宗刑部大輔

사적인 생각에 의한 것이다. [그 쓰시마노카미에 의해] 이러한 [부당한] 취급을 받은 것이라고, 그러한 내용을 [저쪽 조정에] 보고한 것 같습니다. 이 [두 사람의 보고에] 의해, 죽도에 다시는 조선인이 도해하지 않도록 [쓰시마가 조선에] 요구한 것은, 결국 쓰시마노카미가 [장군과 상의하지 않고] 사적인 생각으로 요구한 것이라고, 그 나라에서는 생각하게 되었습니다. 그렇게 [이쪽 쓰시마에서는] 듣고 있습니다. 그렇기 때문에 [저쪽 조정에서 쓰시마에 반감을 가져, 그 결과] 위와 같은 반한이 오게 되었다고 [이쪽에서는] 생각하고 있습니다. 이상입니다.

11월 25일　　　　　　소우 교우부 타이후

右口上書之通相伺候処御尋之一通り
ニ付差出シ候様ニ其上ニも御尋之節ハ可差出
可被仰付候ニ付御請奉申上
以上

右口上書之通相伺候処私存寄一通り書付差出候様ニ其上御了簡之趣御差図可被成由被仰聞候故則存寄書付差上申候

右の口上書の通りを[申し上げ、今後の御方針について]お伺いを致した処、私(宗義真)が考えております一通りの事を、ここで書き付け、差し出す様にとの事でございました。その上で御考えの趣旨を御差図に成られるとの由を、仰せ聞かされました。それゆえ、ここで私が思うところを書付け、差し上げる事に致します。

위의 구상서와 같이 [말씀드리고, 금후의 방침에 대해] 질문하자, 제(소우 요시자네)가 생각하고 있는 일단의 것을 여기에 기록하여 제출하라는 것이었습니다. 그 후에 생각하시는 취지를 지시하실 것이라고 말씀하셨습니다. 때문에 여기에 제가 생각하는 바를 기록하여, 올리도록 하겠습니다.

口上之覚

一 竹嶋ト伯耆ゟ渡海漁仕来候 何年
以来之事ニ候哉 委ク相尋候処 五十九年
以前 竹嶋江渡海漁仕候者 朝鮮ニ隣候
儀付 被申分遠慮之上前々之通[illegible]
申候者 朝鮮国内ニ而も埒明申度
申候後ニ此程被仰候 朝鮮国ニ而[illegible]
幕下ニ御成 被成[illegible]之者共被申
以上 [illegible]

口上之覚

一 竹嶋江伯耆より致渡海漁仕来候段何年以来之事ニ候哉委不存候得共五十九年以前竹嶋江罷渡漁仕候者朝鮮江漂着仕候付彼国より送還候書翰留帳ニ相見へ申候右者朝鮮国之内ニ而も唯今ニ至而者申後ニ御座候得共朝鮮国之儀者北京之幕下ニ候故彼方江之聞へをも存申募候哉与奉存候

口上之覚

一 竹嶋へは、伯耆から渡海を致し、漁を行っております。[その始まりは]今から何年前の事でありましょうか。委しくは存じませんが、今から五十九年前、竹嶋へ渡り漁を行っていた者どもが朝鮮へ漂着するという事がございました。彼の国から[この者どもは]送還されましたが[その折の]書簡が[対馬の]留帳の中にございます。右[の竹嶋に渡って漁を行っていた事について]は朝鮮国の内にても[すでに承知の事でございました。] 唯今に至って[日本人の島への渡海を差し止めるというのは、まさに]申し後れと言うもので御座います。しかし朝鮮国と言うのは、北京(清国)の幕下でございますので、あちら[清国]への聞こえを慮り[このように]申し募っている事と思います。

구상지각

1. 죽도에는 호우키에서 도해해 어렵하고 있었습니다. [그 시작은] 지금부터 몇 년 전일까요. 자세히는 알지 못합니다만, 59년 전 죽도에 건너가 어렵을 하고 있었던 자들이 조선에 표착한 일이

있었습니다. 그 나라에서 [이 자들은] 송환되었습니다만 [그때의] 서간이 [쓰시마의] 기록에 있습니다. 위[의 죽도에 건너가 어렵을 하고 있었던 일에 대해서]는 조선국에서도 [이미 알고 있는 일이었습니다.] 지금에 이르러 [일본인이 섬에 도해하는 것을 금지시킨다는 것은, 그야말로] 때가 늦은 것입니다. 그러나 조선국이란 북경(청국)의 막하이기 때문에, 저쪽 [청국]에 알려질 것을 우려하여 [이렇게] 강하게 말하는 것이라고 생각합니다.

一 右之通日本ゟ今年も参候ハヽ御海来候ハヽ
彼島ニも船共参其度ニ竹嶋江参候ハヽ一両年
申越候所朝鮮国之定而ニ而候ニ付
為成申事ニ而若事難ト候も可有之
以後ハ之を書様ニ以後無之朝鮮国江

一 右之通日本より年久敷致渡海来候事彼国ニも能乍存其届も無之唯今何角被申越候段朝鮮国之不念ニ候故其段急度申達候ハヽ若事済申儀も可有御座哉与奉存候得共惣而朝鮮之国風

一 右の通り、日本からは長年に亘り[この島に]渡海を致し[漁を行って]来た事であり、彼の国でも[この日本人の渡海については]よく知られた[事実で]ございます。[そのような事実を知っていながら、これまで咎める事もなく、また]その[異議申し立ての]届け出すらありませんでした。唯今に至り[改めて]何かと[異議を]申し立てて来るような事は、朝鮮国の不念[すなわち失態あるいは粗忽]と言うものでございます。そういう事でございますので[こちらから]きっぱりと申し入れを行えば、あるいは事は済んでしまうのではないか、そのような事も[大いに]有り得る事だと考えております。しかし一般的に言えば、朝鮮国の国風と

1. 위처럼 일본에서는 오랜 세월에 걸쳐 [이 섬에] 도해해 [어렵을 행해] 온 경위가 있어, 그 나라에서도 [일본인의 도해에 대해서는] 잘 알려진 [사실]입니다. [그러한 사실을 알고 있으면서, 지금까지 책망하는 일도 없었고, 또] 그 [이의를 제기하는] 제기서조차 없었습니다. 지금에서야 [새삼스럽게] 뭐라 [이의를] 말해오는 것은, 조선국의 생각없는 [즉 실태 혹은 경솔]이라고 할 수 있는 일입니다. 그러한 일이기 때문에 [이쪽에서] 단호히 요구하면, 어쩌면 일이 해결되지 않을까, 그러한 일도 [흔히] 있을 수 있는 일이라고 생각하고 있습니다. 그러나 일반적으로 말하자면, 조선국의 국풍

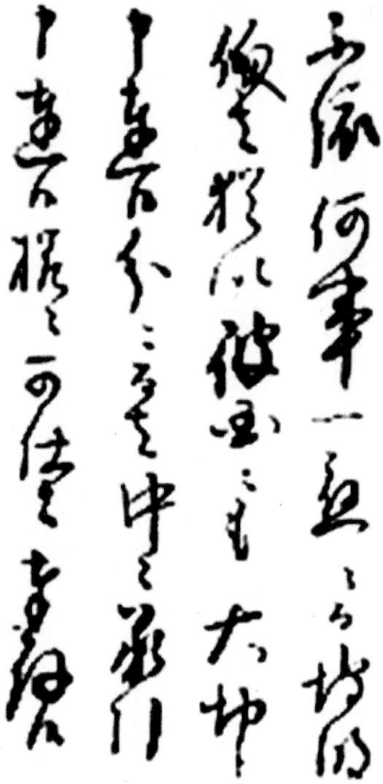

不依何事一応ニ而埒明不申候今度之儀者猶以彼国ニも大切ニ可存候間大体ニ申達候分ニ而者中々承引仕間敷候稠敷申達候様ニ可仕与奉存候

言うのは、何事に依らず一応に埒の明かぬ事であります。今度の事は、殊更、彼の国にとっても大切に思う所でございましょう。それゆえ大まかに申し入れただけでは、中々承引する事は難しいと思います。[それゆえ、ここは]事細かく申し入れを行うべきと[そのように]考えております。

이라는 것은 어떤 일이든 쉽게 해결되지 않습니다. 이번 일은 특히 그 나라에서도 중요한 일이라고 생각하고 있겠지요. 때문에 적당히 요구하는 것만으로는 좀처럼 해결되기 어렵다고 생각합니다. [그래서 여기서는] 세밀하게 요구해야 한다고 [그렇게] 생각하고 있습니다.

一 了簡相解候様ニ、使者之列ニ而人数も
先例ゟ相増候得共、彼方承届
役人え申達候処、不移而承届
相手ニ而常ニ異人ニ者為以根ニ古事
合點不參とも、又者誠役人ニ蒙請仕候
承知申達而根ニ可申候段

一　今度朝鮮江差渡候使者召列候人数も先例より相増差渡可申候若彼方取次之役人共江申談候儀不埒ニ候ハヽ其節之様子ニより常ニ日本人不罷通候様ニ古来申合置候所迄も罷越役人江対談仕候而急度申達候様ニ可申付儀与奉存候

一　今度、朝鮮へ差し渡す[予定の]使者については、その召し連れる人数も先の例より増やし[威風を以て]差し渡したいと考えております。もしあちらの取次の役人どもが、この会談に際し不埒[の態度]を取れば、その節の様子によっては[こちらは示威の行動を取ろうかと思っております。] 常々日本人が罷り通らぬ様、古くから[あちらと]申し合せ置いた所迄も[こちらは敢えて]罷り越し[あちらの]役人へ対談を強い、厳しく申し入れを行うべきと[この度の使者については]思っております。

1. 이번에 조선에 보낼 [예정의] 사자에 대해서는, 그 수행원의 인수도 전보다 늘려 [위풍을 갖추어] 보내고 싶다고 생각하고 있습니다. 만일 저쪽의 주선 역인들이 이 회담에 임해 불손[한 태도]를 취하면, 그때 상황에 따라서는 [이쪽은 시위 행동을 취할까 생각하고 있습니다.] 일상적으로 일본인이 가지 못하도록, 예부터 [저쪽과] 합의해 놓았던 곳까지도 [이쪽은 일부러] 넘어가 [저쪽] 역인에게 대담을 강요해, 엄중히 요구해야 한다고 [이번의 사자에 대해서는] 생각하고 있습니다.

右竹嶋之儀ニ付私存寄一通書付差出
候様ニと被仰付候ニ付則書付掛御目申候
上御事ニ御座候式方ニ存候趣ニ而も
可奉存と愚見之事御座候様ニも申上候
之趣被成御聞届可被下候以上

十一月廿八日

宗刑部大輔

右竹嶋之儀ニ付私存寄一通り書付差出候様ニ被仰聞候付則書付掛御目候異国江申渡事ニ候故此方ニ而存候通ニ者有之間敷与無心元奉存候如何様ニも御了簡之趣御差図奉頼候以上

十一月廿八日　　　　　　宗刑部大輔

右、竹嶋の事に付いて、私の思っている通りの事を、一通り書付け、差し出すようにと、御指示がございました。それゆえ、ここに書付けを以て[その考えを]御目に掛けました。異国へ申し渡す事であり、こちらで思う通りには、なかなか成り難いもので、不満にも思う所でございますが、どのような御考えの御趣旨であろうと[それに従い、交渉を行う所存でございます。] それゆえ御差図を御願い申し上げます。以上でございます。

十一月二十八日　　　　　　宗刑部大輔

위의 죽도의 일에 대해, 제가 생각하고 있는 대로의 일을 모두 기록해 제출하라는 지시가 있었습니다. 그래서 여기에 서부를 가지고 [그 생각을] 보여 드렸습니다. 이국에 요구하는 일이므로 이쪽에서 생각하는 대로는, 좀처럼 되기 어려운 일로 불만스럽게 생각하는 바입니다만, 어떠한 생각의 취지라 해도 [그에 따라, 교섭을 행할 생각입니다.] 그러므로 지시해주실 것을 부탁합니다. 이상입니다.

11월 28일　　　　　　소우 교우부 타이후

覚

一 竹島之儀、隣国之一人致往来候儀、日本ゟ高人

朝鮮国ニ而ハ蔚陵島と申、高麗之漁猟相禁

候處、彼國之中之浦根ニ而伯耆者私方ゟ

ナク候ニ付、對州ニ而互勤之儀ニ付別ニ不苦候

可為儀ニ候、寛文七年今之御隠居ニ而御代官

今之御隠居ゟ相渡候儀ニ候而、謹仕候 憲長老

嶋ゟ被仰付候而對州ニ而僕様支配申候 龍雲

新方ゟ申付候 以上

覚

輪番之僧臨時[ニ]一人被仰付候儀者日本之商人密々朝鮮国[ニ]罷渡御法度之商売仕候段相知其段彼国[江]申遣候様[ニ]被仰付候節私方より願申候之処対州[江]在勤之僧之外[ニ]別而壱人可差下之旨寛文七年金地院[江]被仰付候故金地院より私[江]相談有之建仁寺憲長老差下被申候対州[江]往来在留中之雑用私方より申付候以上

覚

輪番の僧を臨時に一人[お役として]仰せ付けられる事については[これまで同様な例はございます。かつて]日本の商人が密かに朝鮮国へ渡り、御法度の商売を行った事が[ございました。その事が世間に]知られ、その事について彼の国へ[密貿易の取り締まりの]申し入れをするよう[公儀から]御命令を受けました。その節、私方から[公儀へ申し上げたのは、そのような事を朝鮮へ申し遣わすためには、その書簡をしたためる文章の巧みな儒僧が必要でございます。そのような僧侶の派遣を]お願い致しますと、そのように申し上げました。すると対州へ在勤の僧の外に、特別に壱人、差し下すとの御趣旨[の連絡があり]寛文七年[その人選について]金地院へ御指示がございました。それゆえ金地院から私の方へ相談が有り、建仁寺の憲長老を[対馬へ]差し下すと申されました。対州への往来、そして在留中の雑費用は、私の方から申し付けます[と答え、そのような派遣が行われました。] 以上でございます。

오보에

윤번승을 임시로 한 사람 [역인으로] 명하는 일에 대해서는 [지금까지 그러한 예가 있었습니다. 과거에] 일본 상인이 비밀리에 조선국으로 건너가, 불법 상매를 행한 일이 [있었습니다. 이 일이 세간에] 알려져, 그 일에 대해 그 나라에 [밀무역 단속을] 요구할 것을 [장군으로부터] 명받았습니다. 그때, 제가 [장군에게 말씀드린 일은 그러한 일을 조선에 요구하기 위해서는, 그 서간을 작성할 수 있는 문장이 뛰어난 유승이 필요합니다. 그러한 승려의 파견을] 원합니다. 그렇게 말씀드렸습니다. 그러자 타이슈우에 재근하는 승 외에 특별히 한 사람을 내려보낸다는 취지[의 연락이 있어], 칸분 7년에 [그 인선에 대해] 콘치인에 지시가 있었습니다. 그렇기 때문에 콘치인에서 제 쪽에 상담하여, 켄닌지의 헌장노를 [쓰시마에] 보낸다고 말씀하셨습니다. 타이슈우의 왕래 그리고 재류 중의 잡비용은 이쪽에서 부담합니다 [라고 답하고, 그러한 파견이 행해졌습니다.] 이상입니다.

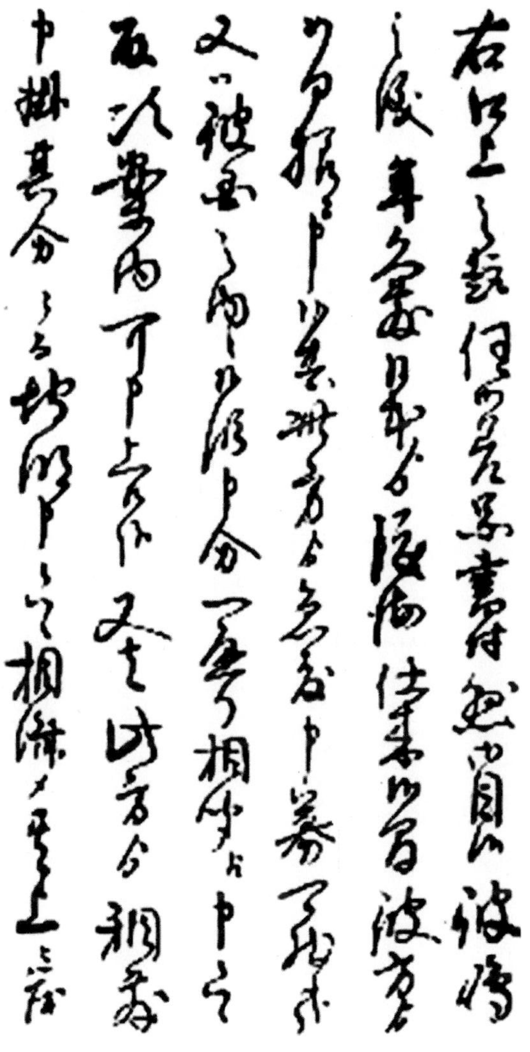

右口上之趣任御差図書付懸御目候彼嶋之儀年久敷日本より渡海仕来候間彼方より如何様ニ申候共此方より急度申募可然候哉又ハ彼国之内ニ候段申分一通り相聞江申候ハヽ取次案内可申上候哉又者此方より稠敷申掛其分ニ而埒明申候ハヽ相済〆其上ニ茂

右の口上の趣旨を、御差図の通りに書付にしたため、御目に懸けました。彼の島の事に付きましては、長年月の間、日本から渡海を仕って来ました。それゆえあちらから、どのように言って来ても、こちらからきっぱりと[こちらの思うところを]言い切り[それで抑え込んでしまうという段取りで]交渉を行いたいと考えております。あるいは又、彼の国の[領域]内に[この島が]あるとする[あちらの]言い分を[この際]一通りお聞き入れになり、その旨を[上様へまで]御取次および御案内(説明)を申し上げ[御裁断を仰ぐ]と言う段取りも有り得ます。さらに又[今回は]こちらから厳しく申し掛け、そのような遣り方で処理が可能であれば、それで済ませてしまい、そのような事では処理ができず[なお]その上で、

위 구상의 취지를 지시하신 대로 서부로 기록해 보여 드렸습니다. 그 섬에 대해서는 오랜 세월 동안 일본에서 도해를 해왔습니다. 그래서 저쪽에서 어떻게 말해온다 해도, 이쪽에서 단호하게 [이쪽 생각을] 이야기하여 [그것으로 제압해 버리는 절차로] 교섭하고 싶다고 생각하고 있습니다. 또는 그 나라 [영역] 안에 [이 섬이] 있다는 [저쪽의] 말을 [이번에] 일단 받아들여, 그 취지를 [윗분에게] 주선 및 설명해 드려 [그 판단을 듣는] 방법도 있을 수 있습니다. 그리고 또 [이번에는]

이쪽이 엄중히 요구하여, 그 같은 방법으로 처리할 수 있다면 그것으로 해결해 버리고, 그 같은 일로는 처리 못 하고 [또] 그 후에,

彼方之儀ハ[illegible]奉存事ニ候ヘハ[illegible]
申入候而も可有之候[illegible]此上ニ[illegible]
由御意[illegible]一往[illegible]ニ[illegible]
可有之事ニ候[illegible]
[illegible]此段[illegible]以上

彼方より強而申募事ニ候ハヽ其節ニ至而御了簡も可有之与之思召候哉此三様之内御内意被仰聞候者其趣ニ随ひ申掛様も可有之事ニ奉存候思召之程をも不奉存候故此段奉得御差図候以上

あちらから強いて申し募りがあるようであれば、その節に至って、また御考え様になられるという段取りも有り得ます。この三様の内[いずれの段取りで行えば宜しいのか]御内意をお聞かせいただきたく存じます。お聞かせいただければ、その御趣旨に随い[あちらへの]申し掛け様が有るからでございます。[公儀の]お考えの程を[こちらはまだ]承っておりませんので[この際]この事の御差図を得たく思います。以上でございます。

저쪽에서 강한 반발이 있으면, 그때 다시 생각하시는 방법도 있을 수 있습니다. 이 세 가지 중 [어느 방법으로 진행하면 좋을지] 속내를 알려주셨으면 합니다. 알려주시면, 그 취지에 따라 [저쪽에] 요구할 수 있기 때문입니다. [장군의] 생각을 [이쪽은 아직] 듣고 있지 않아 [이번] 이 일의 지시를 얻고 싶다고 생각합니다. 이상입니다.

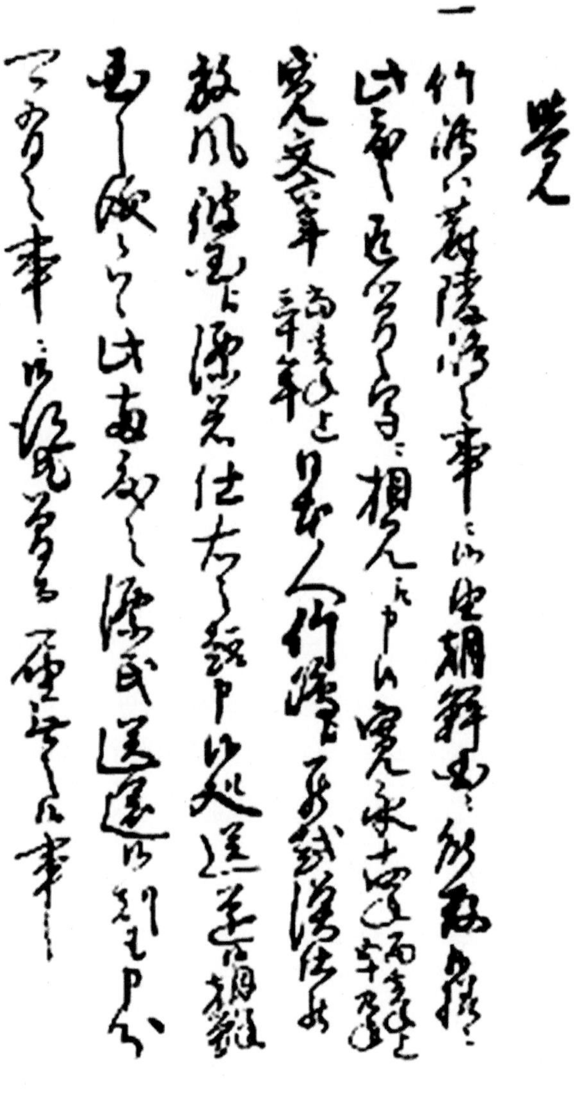

覚

一 竹嶋ハ[illegible]

[illegible]寛永十四[illegible]

寛文六年[illegible]

[illegible]

覚

一　竹嶋ハ蔚陵嶋之事ニ候由朝鮮国ニ能存候様ニ此度之返簡之写ニ相見江申候寛永十四年当亥年迄五十九年寛文六年当亥年迄三十年日本人竹嶋江罷越漁仕被放風彼国江漂着仕右之趣申候処送遂候朝鮮国之儀候ハヽ此両度之漂民送還候刻も申分可有之事ニ候得共曾而届無之候事

覚

一　竹嶋とは蔚陵嶋の事でございます。そのような事は、朝鮮国でもよく承知している事でございます。そのような理解が、この度の[あちらからの]返簡の写しにも見受けられます。寛永十四年(一六三七)これは当元禄八年(一六九五)亥年から五十九年前の事でございます。それと寛文六年(一六六六)これは当元禄八年(一六九五)亥年から三十年前の事でございます。この両度、日本人が竹嶋へ罷り越し漁を行い、風に放たれ彼の国へ漂着することがございました。[その漂着日本人は彼の国の役人に対し]右の[竹嶋での漁労の]趣旨を[そのありのまま]申し述べました。すると[日本への送還という事になり、彼らの]送り届けがございました。朝鮮国の事ではございますが、この両度の漂民を送還する折[彼ら日本人漁民は竹嶋に渡海していたので、もしも朝鮮領としての認識があり、それに対する異議があるのであれば、この時にあちらは、その事を]申し述べるべきでございました。だが[この時、日本人の漁労を許容し]そのような届け出はありませんでした。

오보에

1. 죽도란 울릉도를 말합니다. 그러한 일은 조선국에서도 잘 알고 있는 일입니다. 그러한 이해를 이번에 [저쪽에서 보낸] 반한 사본에서도 알 수 있습니다. 칸에이 14(1637)년, 이는 당 원록 8(1695)년 을해년으로부터 59년 전의 일입니다. 그리고 칸분 6년(1666), 이는 당 원록 8(1695)년 을해년으로부터 30년 전의 일입니다. 이렇게 두 번, 일본인이 죽도에 도해해 어렵을 행하고, 바람에 휩쓸려 그 나라에 표착한 일이 있었습니다. [그 표착 일본인은 그 나라의 역인에게] 위의 [죽도에서의 어로한] 취지를 [있는 그대로] 진술했습니다. 그러자 [일본에 송환되게 되어, 그들의] 송환이 이루어졌습니다. 조선국의 일입니다만, 이렇게 두 번 표민을 송환할 때, [그들 일본인 어민은 죽도에 도해하고 있었기 때문에, 만일 조선령이라는 인식이 있어 그에 대한 이의가 있었다면, 이때 저쪽은 그 일을] 이야기해야 했습니다. 그러나 [이때, 일본인의 어렵행위를 허용하고] 그러한 이의제기는 없었습니다.

一

朝鮮之与（輿）地勝覧之と申書之内ニ蔚陵
嶋ハ武陵とも羽陵とも申由千山蔚陵とも
一 嶋之地見え申候ニ竹嶋と申候見へ不申事

一　朝鮮国輿地勝覧[弐百年前之書]与申書之内蔚陵嶋之儀武陵共羽陵共申候于山蔚陵者一嶋之由見[江]申候竹嶋与申名ハ見[江]不申候事

一　朝鮮国には輿地勝覧と申す書物がございます。これは弐百年前の書でございます。この中に蔚陵嶋の事が、武陵とも羽陵とも言うとあり、于山と蔚陵とは一島であると、そのように記されています。竹嶋と言うような島名は、ここには記されていません。

1. 조선국에는 여지승람이라는 서물이 있습니다. 이것은 이백 년 전의 서입니다. 이 안에 울릉도를 무릉 또는 우릉이라고도 한다고 되어 있어, 우산과 울릉은 일도라고 그렇게 기록되어 있습니다. 죽도라는 도명은 이곳에는 기록되어 있지 않습니다.

一 且芝峯類説 八十年前之書 と申書之内蔚陵嶋之儀
武陵と羽陵とも又ハ于山国之磯竹嶋と申候
壬辰変後ニ和人ニ焚掠人住不申候と
日本人往来住居申候と申事見ヘ申候
左候ハヽ壬辰以来ハ日本之属嶋ニ成
申候所朝鮮国中能存居申候事
但以上一帳ハ相隠可被成儀と存候所
相済候様ニ出不

一 同芝峯類説八十年前之書与申書之内蔚陵嶋之儀武陵共羽陵共又者于山国共磯竹嶋共申候壬辰変後ニ和人ニ被焚掠人住不申候近頃者日本人住居仕候由申候与之事見江申候左候得ハ壬辰以来ハ日本之属嶋ニ罷成申候段朝鮮国中能存罷在候事
但以上一帳ニ相認初度再度往復之書簡写相添ヘ差出ス

一 同じく芝峯類説と申す書物がございます。これは八十年前の書でございますが、この中に蔚陵嶋の事が、武陵とも羽陵とも言うとあり、また于山国とも磯竹嶋とも言うと記されています。壬辰の変(文禄慶長の役)の後、和人に焚掠され、人が住まなくなった。近頃は日本人が住居を仕るようになったと、そのような事が書き記されています。このような内容の記載があるので、壬辰[の変]以来、この島は日本の属嶋に成ったという事は、朝鮮の国中では、よく知られた事でございましょう。
[このように御報告を申し上げます。] 但し、以上[の口上書の書付け数葉]を一帳にして[まとめ]相したためました。初度、再度の往復の書簡、その写しについては、ここに相添え、差し出す事に致しました。

1. 마찬가지로 지봉유설이라는 서물이 있습니다. 이것은 80년 전의 서물입니다. 이 안에 울릉도를 무릉, 우릉이라고도 한다고 나와 있고 또 우산국, 의죽도(이소타케시마)라고도 한다고 기록되어 있습니다. 임진의 변(분로쿠케이쵸우의 역) 후에 왜인에게 침탈당해, 사람이 살지 않게 되었다. 근래 일본인이 거주하게 되었다.

그러한 일이 기록되어 있습니다. 이러한 내용의 기재가 있어, 임진[의 변] 이래 이 섬은 일본의 속도가 되었다는 것은, 조선국에서는 잘 알려진 일일 것입니다.

[이렇게 보고 올립니다.] 단, 이상[의 구상서의 서부 몇 장]을 한 첩으로 하여 [정리해] 기록하였습니다. 첫 번째 재차 왕복한 서간, 그 사본에 대해서는 여기에 첨부해 제출하기로 했습니다.

一　同月七日豊後守様東武ゟ来書到

右者つし嶋面以書被仰遣候段御返之

書翰之押紙も仕候様ニ被仰遣候而茶[illegible]掛

四月一日[illegible]登城[illegible]

(37-06)

〃同月七日豊後守様江直右衛門参上三沢吉左衛門江対面口上書被仰聞候通則帳面ニ認直シ書簡之押紙も仕候段申達渡シ候所被掛御目一段宜候与之御事ニ而御留被成置候故罷帰

(37-06)

〃同月(十二月)七日、豊後守様方へ直右衛門が参上し、三沢吉左衛門へ対面した。[昨日]仰せ聞かされた通り、口上書[を修正し、本日早速持参致しましたと、このように告げた。] 帳面に[箇条書きにして]したため直し、書簡の押紙(説明書き)も御指示の通りに行い[二つ折にして御用箱に入れ、吉左衛門に]お渡しした。すると[豊後守様はこの書類に直ぐ]御目を通された。そして一段と宜しいとの御事にて[この書類をお手元に]御留め置きに成られた。それゆえ[ようやく書類を受けていただいたと安堵し]罷り帰った。[その箇条書きに修正した紙面を、左に記す。]

(37-06)

〃동월(12월) 7일 분고노카미사마 쪽에 나오에몬이 참상하여, 미사와 요시자에몬과 대면했다. [어제] 지시받은 대로 구상서[를 수정하여, 오늘 서둘러 지참했습니다 라고, 이렇게 알렸다.] 장부에 [각 항목별로] 다시 기록하여, 서간의 부전지(설명서)도 지시대로 [둘로 접어 문서상자에 넣어, 요시자에몬에게] 건넸다. 그러자 [분고노카미사마는 이 서류를 바로] 보셨다. 그리고 일단 좋다고 하시어 [이 서류를 그곳에] 놓아두셨다. 때문에 [겨우 서류를 받

아주셨다고 안도하고] 돌아왔다. [그 항목별로 수정한 지면을 아래에 기록한다.]

口上之覺

一 去秋以對馬守方ゟ申上候通竹嶋ニ而
朝鮮人之有之候段相尋可申儀ニ付書簡ニ而
返簡之内 蔚陵嶋之事申文句有之候ニ付
御座候ニ付 蔚陵嶋之事申段相尋候儀
候様ニ申達候處 蔚陵嶋之事被申聞候心
有之候儀 付無之候段 御聞分候

口上之覚

一　去秋同氏対馬守方より申上候通竹嶋江重而朝鮮人不罷渡様可被申付之旨以書簡申渡候返簡之内ニ蔚陵嶋与申文句御座候故此方より不申遣事ニ候間蔚陵嶋与申儀相除被差越候様ニ与申達候処蔚陵嶋之儀彼国ニも心入有之而書載仕置候得共兎角粉敷認候分ニ而ハ

口上之覚

一　去年(元禄七年)の秋、宗対馬守(宗義倫)方から申し上げた通り、竹嶋へ再び朝鮮人が罷り渡らぬよう[朝鮮の朝廷から海辺の民へ、その制禁を]申し付けるべき旨を、書簡を以て[あちらへ]申し伝えました。[すると返簡が参り]その返簡の内に、蔚陵嶋と言う文字が御座いました。こちらから申し入れていない島であるのに[あえて]蔚陵嶋と言い出す[のは、おかしな事で有るので]その文字を取り除いた書簡を[こちらに]差し返すようにと[あちらに]申し伝えました。すると蔚陵嶋と言う島の名については、彼の国にも心入れがあり[それゆえ]わざわざ書き載せたものであるとの事でございました。だが何かと粉わしくしたためた分であるので、

구상지각

1. 작년(원록 7년) 가을에 소우 쓰시마노카미(소우 요시쓰구) 측이 말씀드린 대로, 죽도에 다시 조선인이 건너오지 않도록 [조선 조정이 해변의 인민에게 그 제금을] 명해야 한다는 뜻을, 서간으로 [저쪽에] 전달했습니다. [그러자 반한이 왔는데] 그 반한에 울릉

도라는 문자가 있었습니다. 이쪽에서 언급하지 않은 섬인데 [일부러] 울릉도라고 언급하는 [것은 이상한 일이기 때문에] 그 문자를 삭제한 서간을 [이쪽에] 돌려줄 것을 [저쪽에] 전달했습니다. 그러자 울릉도라는 도명에 대해서는, 그 나라에도 생각이 있어 [때문에] 일부러 기재한 것이라는 것이었습니다. 그러나 무언가 혼란스럽게 기록한 문장으로,

此方ニ請取候事ニ候得共　此度之
初之首尾了簡ニ竹嶋之儀ニ付而ハ委細ニ
得と御吟味之上御差図有之候得者　可被仰
出候由申候　然処重而相済候儀之使者被遣候
之様ニ彼方ゟ申候処　表向ハ得心仕間敷候
相聞申候　然ハ是非ニ及不申候　依之
右之趣を以　老中方へ申達候

此方ニ請取不申候段推察仕候哉此度者初之返簡之趣与引替竹島者朝鮮国之蔚陸嶋ニ而御座候間日本人彼嶋江不罷渡候様ニ被仰付候様ニ与相認候依之使者方より存寄之趣彼方江申談未落着不仕候内　対馬守相果申候然処私江当分役儀被仰付候故右之段重而私方より可申渡候之間其節

こちらではお受け取りできないと[お断りし]あちらの事情を推察しつつ、なお交渉を重ねて参りました。[そのような中]この度[再度の返簡が送られて来ました。] 初めの返簡の趣旨と打って変わり[今回のものは]この竹嶋とは朝鮮国の蔚陸嶋の事であると[そのように明確に書き載せて]ありました。それゆえ日本人は彼の嶋へ[今後]罷り渡らぬよう[公儀から日本の海辺の民へ]仰せ付け下さるようにと、そのようにしたためてございました。このような事でありますので、使者の方から[このような新たな申し入れは不同意であると、こちらの]考えている趣旨を[再び]あちらへ申し伝え[なおも交渉を行っておりました。] 未だ落着に至らぬ内に、対馬守が[病で]死去してしまいました。そのような事で私の方へ、当分[の間、朝鮮の]役儀[を執り行うようにと、公儀から]仰せ付けがございました。それゆえ右[懸案]の事項は、重ねて私の方から[あちらへ]申し渡すべき事となりました。[そのような新たな交渉が、今後なされます。] その節には

이쪽에서는 수취할 수 없다고 [거절하고] 저쪽 사정을 추찰하면서 계속 교섭을 거듭해 왔습니다. [그러던 중] 이번에 [두 번째 반한을 보내왔습니다.] 첫 번째 반한의 취지와 크게 바뀌어 [이번의 것은] 이 죽도라는 것은 조선국의 울릉도라고 [그처럼 명확히 기재하고] 있습니다. 그렇기 때문에 일본인은 그 섬에 [금후로는] 건너지 않도록 [장군이 일본 해변의 민에게] 명해주시라는, 그러한 문장이었습니다. 이와 같은 일이기 때문에 사자 측에서 [이러한 새로운 요구에는 동의할 수 없다고, 이쪽이] 생각하고 있는 취지를 [다시] 저쪽에 전달하여 [아직도 교섭을 행하고 있습니다.] 아직 낙착에 이르기 전에 쓰시마노카미가 [병으로] 사거하고 말았습니다. 그와 같은 일로 제(소우 요시자네) 쪽에 당분[간 조선의] 역의[를 집행하도록 하라는 장군의] 명이 있었습니다. 그렇기 때문에 위 [현안]의 사항은 거듭해서 제 쪽에서 [저쪽에] 요구해야 하는 일이 되었습니다. [그러한 새로운 교섭이 금후 행해집니다.] 그때는

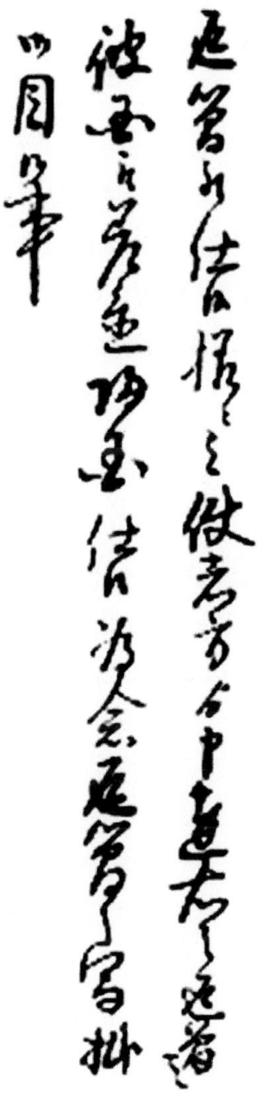

返簡被仕候様ニ与使者方より申達右之返簡者彼国江差置帰国仕候 為念返簡之写掛御目候事

[新たな宜しい]返簡が参るよう、使者方から[あちらへ新たな]申し入れをしようと思っております。そして右の[同意できぬこれまでの]返簡は[持ち帰らず]彼の国へ差し置いたままにして[この使者には]帰国を命じました。念のため、その[持ち帰らなかった]返簡の写しを、御目に掛けます。

[새로운 좋은] 반한이 올 수 있도록 사자 쪽에서 [저쪽에 새로운] 요구를 하려고 생각하고 있습니다. 그리고 위의 [동의할 수 없는] 반한은 [가지고 돌아오지 않고] 그 나라에 놓아둔 채 [이번 사자에게는] 귀국을 명하였습니다. 만일에 대비해 [가져오지 않은] 반한의 사본을 [별지로] 보여 드립니다.

一 去々年竹嶋ニ而留置候朝鮮人二人被送
遣候節從 公儀御懇情を江戸ゟ待
東武ゟ長崎迄送遣候而道中も結構ニ
被仰付候ニ付而 對馬守方ニ而も厚ク御座候
以後も麁末ニ不仕様ニ送遣候様
上ニ而ハ被仰付候 對馬守儀

一　去々年竹嶋ニ而被留置候朝鮮人二人彼国江送届候処漁民共因幡府を江戸与存　東武より長崎迄被送遣候於途中者結構ニ御馳走被仰付候得共対馬守方江御渡被成候以後者警固等厳敷申付送還候段　上之思召者左様ニ而無之候得共対馬守私之

一　去々年(元禄六年)竹嶋にて[捕らえられ、因伯に]留め置かれた朝鮮人二人を、彼の国へ送り届けた処、その漁民どもは因幡府を江戸と思い違いを致したようでございます。[彼らが言うには]東武から長崎まで送り遣わされた途中[大切に扱われ]結構に御馳走をしていただいた。だが対馬守方へ御渡しに成られた以後、警固などは厳しく申し付けられ[罪人のようにして]送り帰されてしまった。このような[酷い扱いとなるような]事は[江戸の]上の方のお考えでは無く[これは]対馬守の

1. 재작년(원록 6년)에 죽도에서 [포획당해 인하쿠에] 연행되었던 조선인 두 사람을 그 나라에 송환하자, 그 어민들은 이나바를 에도라고 착각한 것 같습니다. [그들이 말하기를] 동무에서 나가사키로 송환되는 도중에 [소중히 취급되어] 상당히 좋은 대접을 받았다. 그러나 쓰시마노카미 측에 넘겨진 이후, 감시 등을 엄중히 명하여 [죄인처럼] 송환되고 말았다. 이와 같은 [심한 취급을 받게 된] 일은 [에도] 윗분의 생각이 아니라, [이는] 쓰시마노카미의

不當之儀有之候ハヽ其座ニ而可申渡候
附請取申者相辨人ニ而候於不埒者可申達
御法も厳以對馬守殿ニ而可被申付候
彼國ニ而邪雅佳法及異変可有之
是等之儀ハ任先例之事

了簡を以如此仕候与申たる由ニ御座候依之竹嶋江重而朝鮮人不被差渡候様ニ申遣候儀も弥以対馬守私之存寄ニ而申渡候哉与彼国ニ而邪推仕候由及承候夫故右之通返簡をも仕候哉与奉存候事

私的な考えによるものである。[その対馬守によって]このような[理不尽な]扱いを受けたのだと、その通りの事を[あちらの朝廷に]報告したようでございます。この[二人の報告]に依って、竹嶋へ再び朝鮮人が渡海しないようにと[対馬が朝鮮に]申し渡した事は、いよいよ以て対馬守が[公儀と図る事なく]私的な考えで申し入れたものと、彼の国では邪推するようになりました。そのように[こちら対馬では]聞き及んでおります。それゆえ[あちらの朝廷から、対馬は反感を持たれ、その結果]右の通りの返簡が参るようになったと[こちらでは]思っております。

사적인 생각에 의한 것이다. [그 쓰시마노카미에 의해] 이러한 [부당한] 취급을 받은 것이라고, 그러한 내용을 [저쪽 조정에] 보고한 것 같습니다. 이 [두 사람의 보고에] 의해, 죽도에 다시는 조선인이 도해하지 않도록 [쓰시마가 조선에] 요구한 것은, 결국 쓰시마노카미가 [장군과 상의하지 않고] 사적인 생각으로 요구한 것이라고, 그 나라에서는 생각하게 되었습니다. 그렇게 [이쪽 쓰시마에서는] 듣고 있습니다. 그렇기 때문에 [저쪽 조정에서 쓰시마에 반감을 가져, 그 결과] 위와 같은 반한이 오게 되었다고 [이쪽에서는] 생각하고 있습니다.

一 竹嶋を蔚陵嶋之事ニ而朝鮮国之書籍ニ
有之候趣ニ候ハヽ此節之ゟ者之写ニ相見へ申候
竹嶋ニ伯耆ゟ渡海漁仕来候何年
以前ゟ之事ニ而候哉 委細被為聞召度 寛永

一 竹嶋者蔚陵嶋之事ニ候由朝鮮国之書籍ニも有之能存候様ニ此度之返簡之写ニ相見へ申候竹島江伯耆より致渡海漁仕来候段何年以前より之事ニ候哉委不存候得共寛永

一 竹嶋とは蔚陵嶋の事であると、そのように朝鮮国の書籍にございます。それゆえ[朝鮮の人々も、そのような事は]よく承知している所でございます。そのような理解が、この度の[あちらからの]返簡の写しにも見受けられます。竹嶋へは伯耆から渡海を致し、漁を行っていますが[その始まりは]今から何年前の事でありましょうか。委しくは存じませんが、寛永

1. 죽도란 울릉도를 말하는 것이라고, 그렇게 조선국의 서적에 나와 있습니다. 때문에 [조선 사람들도 그러한 일은] 잘 알고 있습니다. 그러한 이해가 이번의 [저쪽이 보낸] 반한의 사본에도 보입니다. 죽도에는 호우키에서 도해하여 어렵을 행하고 있습니다만, [그 시작은 몇 년 전의 일일까요. 자세히는 알 수 없지만, 칸에이

十七年 御当年ニ寛文六年 二十年ニ成ル 当年九年 早く
竹嶋ニ而漁猟仕、其後風波ニ而漁難仕候
数年申ニ付、其時相続ヱ送而朝鮮
ゟ之願ニ付、此度右之隣国ゟ送候得共
可申上之事ニ候得共、兼而申上ル
古ハ朝鮮之内ニ而も候へ共、御用ニ付申候、後ニ
ハ被成候而、被仰付、御用之儀ニ付被下候
ハ、此之事共存申候へ共、存候事

十四年当亥年迄五十九年寛文六年当亥年迄三十年日本人竹嶋江罷渡漁仕被放風彼国江漂着仕右之趣具申候処ニ書簡相添送還候朝鮮国之儀ニ候者此両度之漂民送還候刻申分可有之事ニ候得共曾而届無之候然上者古ハ朝鮮国之内ニ而も唯今ニ至而者申後ニ候得共彼国之儀者北京之幕下ニ候故彼方江之聞江をも存申募候哉与奉存候事

十四年これは当元禄八年の亥年から五十九年前の事でございますが、それと寛文六年これは当元禄八年の亥年から三十年前の事でございますが、この両度、日本人が竹嶋へ罷り越し漁を行い、風に放たれ彼の国へ漂着することがございました。[その漂着日本人は彼の国の役人に対し]右の[竹嶋での漁労の]趣旨を[そのありのまま]申し述べた処[日本への送還という事になり]書簡を相添え[彼らの]送り届けがございました。朝鮮国の事ではございますが、この両度の漂民を送還する折[彼ら日本人漁民は竹嶋に渡海していたので、もしも朝鮮領としての認識があり、それに対する異議があるのであれば、この時にあちらは、その事を]申し述べるべきでございました。だが[この時、日本人の漁労を許容し]そのような届け出はありませんでした。このような事でございますので、古くは朝鮮国の領域内にあったのでしょうが、唯今に至っては[日本の領域内にある島でございます。その事を今さら蒸し返し、こちらに]申し入れ[日本人の島への渡海を禁止すると言うのは]申し遅れと言うものでございます。しかし朝鮮国と言うのは北京(清国)の幕下でございますので、あちら[清国]への聞こえを慮り[このように]申し募っている事と思います。

14(1637)년, 이는 당 원록 8(1695)년 을해년으로부터 59년 전의 일입니다. 그리고 칸분 6년(1666), 이는 당 원록 8(1695)년 을해년으로부터 30년 전의 일입니다. 이렇게 두 번, 일본인이 죽도에 도해해 어렵을 행하고, 바람에 휩쓸려 그 나라에 표착한 일이 있었습니다. [그 표착 일본인은 그 나라의 역인에게] 위의 [죽도에서의 어로한] 취지를 [있는 그대로] 진술했습니다. 그러자 [일본에 송환되게 되어, 그들의] 송환이 이루어졌습니다. 조선국의 일입니다만, 이렇게 두 번 표민을 송환할 때, [그들 일본인 어민은 죽도에 도해하고 있었기 때문에, 만일 조선령이라는 인식이 있어 그에 대한 이의가 있었다면, 이때 저쪽은 그 일을] 이야기해야 했습니다. 그러나 [이때, 일본인의 어로를 허용하고] 그러한 이의제기는 없었습니다. 이러한 일이기 때문에 옛날에는 조선국의 영역 안에 있었지만, 현시점에서는 [일본 영역 안에 있는 섬입니다. 그것을 지금에서야 다시 거론해, 이쪽에] 요구하여 [일본인의 섬으로의 도해를 금지한다는 것은] 이미 때늦은 것이라 할 수 있습니다. 그러나 조선국은 북경(청국)의 막하이기 때문에, 저쪽 [청국]에 알려지는 것을 우려하여 [이렇게] 강하게 말하는 것이라고 생각합니다.

一
朝鮮ニ而与地勝覧ト申百年以前ニ出来申書之内
蔚陵嶋之儀武陵又羽陵とも申候于山蔚陵
一嶋之由見へ申候竹嶋と申名ハ見へ不申候

一　朝鮮国輿地勝覧弐百年前之書与申書之内蔚陸嶋之儀武陵共羽陵共申候于山蔚陵者一嶋之由見^申候竹嶋与申名ハ見^不申候事

一　朝鮮国には与地勝覧という書物がございます。これは弐百年前の書でございます。この中に蔚陵嶋の事が、武陵とも羽陵とも言うとあり、于山と蔚陵とは一島であると、そのように記されています。竹嶋と言うような島名は、ここには記されていません。

1. 조선국에는 여지승람이라는 서물이 있습니다. 이것은 이백 년 전의 서입니다. 이 안에 울릉도를 무릉 또는 우릉이라고도 한다고 나와 있어, 우산과 울릉은 일도라고 그렇게 기록되어 있습니다. 죽도라는 도명은 이곳에는 기록되어 있지 않습니다.

一

一 同書簡叙説八十年之中書ニ而蔚陵嶋
之號或ハ武陵と羽陵と又ハ于山国と被行
嶋を申候壬辰変後ニ和人ニ被擄人俱
申候處近比ハ日本人侵拒仕候由之事
見ヘ申候左候得ハ壬辰以来ハ却而
属嶋ニ而御座候ハゝ朝鮮ゟ申分有之
間敷事

一 同芝峯類説八十年前之書与申書之内蔚陵嶋之儀武陵共羽陵共又者于山国共磯竹嶋共申候壬辰変後ニ和人ニ被焚掠人住不申候近頃者日本人住居仕候由申候与之事見江申候左候得者壬辰以来者日本之属嶋ニ罷成申候段朝鮮国中能存罷在候事

一 同じく芝峯類説という書物がございます。これは八十年前の書でございます。この中に蔚陵嶋の事が、武陵とも羽陵とも言うとあり、また于山国とも磯竹嶋とも言うと記されています。壬辰の変(文禄慶長の役)の後、和人に焚掠され、人が住まなくなった。近頃は日本人が住居を仕るようになったと、そのような事が書き記されています。このような内容の記載があるので、壬辰[の変]以来、この島は日本の属島に成ったという事は、朝鮮の国中では、よく知られた事でございましょう。

1. 마찬가지로 지봉유설이라는 서물이 있습니다. 이것은 80년 전의 서물입니다. 이 안에 울릉도를 무릉, 우릉이라고도 한다고 나와 있고 또 우산국, 의죽도(이소타케시마)라고도 한다고 기록되어 있습니다. 임진의 변(분로쿠케이쵸우의 역) 후에 화인에게 침탈당해, 사람이 살지 않게 되었다. 근래 일본인이 거주하게 되었다. 그러한 일이 기록되어 있습니다. 이러한 내용의 기재가 있어, 임진[의 변] 이래 이 섬은 일본의 속도가 되었다는 것은, 조선국에서는 잘 알려진 일일 것입니다.

一　去年對馬守方ゟ彼國之書面之趣私方ゟ
入御耳可申處ニ御國之返事ニ難申候
相應之儀ニ候ハゝ以使者輪奉之儀ニ而
今一人ニ仕付差下候ハゝ對州江参勤之
儀と相成候而此方より書翰差遣候上ニ而
其後ニ存候而朝鮮江も被入も宜可有之哉
其段被仰上候得共彼方ゟ返翰無之故
可有之ニ付候て此段追而差出可申事

一　去年対馬守方より申渡候書面之趣私方より又々可申遣与奉存候就夫書簡之認様なと相談仕候為ニ御座候間輪番之僧之内今一人被仰付被差下唯今対州江在勤之僧与相談為仕書簡相認差渡申度奉存候左候ハヽ朝鮮国之存入も宜有御座与奉存候故申上候若私方江之返簡も右之趣同前ニ御座候ハヽ如何返答可仕候哉之事

一　去年(元禄七年)対馬守(宗義倫)方から[あちらへ]申し渡した書面の趣旨を[この度]私(宗義真)方から又々[あちらへ]申し遣わすべきと思っております。それに就いて、書簡のしたため様などを相談いたしたい為、輪番の僧の内、今一人を[その御用に]仰せ付け下さり[対馬に]差し下していただきたいと存じます。唯今、対州に在勤の僧と、よく相談せしめ、互いにこの書簡で宜しいとなって[それで始めて、あちらへ書簡を]差し渡そうと思っております。そうすれば朝鮮国の理解も進み、交渉も宜しく進展するのではないかと考えます。それゆえ[輪番僧の派遣を]こうしてお願い申し上げます。[あちらに書簡を送り]もし私の方へ[あちらからの]返簡が来て[その内容が]右の通り同前の[やはり同意できないような]事で御座いましたら[この後の交渉は]如何なる[方針であちらへ]返答を行うべきでしょうか。その御内意を[お示しいただくよう]お伺いを致します。

1. 작년(원록 7년) 쓰시마노카미가 [저쪽에] 건넨 서면의 취지를 [이번에] 제 쪽에서 다시 [저쪽에] 요구해 보내야 한다고 생각하고 있습니다. 그것에 대해 서간을 기록하는 방법 등을 상담하기

위해 [문서능력이 뛰어난] 윤번승 중, 한 사람을 [그 용무로] 명하여 [쓰시마로] 보내주시기를 생각합니다. 지금 타이슈우에 재근하는 승과 잘 상담하여 서로가 이 서간으로 좋다고 하면 [그때 비로서 저쪽에 서간을] 보낼 생각입니다. 그렇게 하면 조선국 측도 이해하게 되어, 교섭도 잘 진전될 것이라고 생각합니다. 그렇기 때문에 [윤번승의 파견을] 이렇게 원하는 것입니다. [그러나 저쪽에 서간을 보내] 만일 제 쪽에 [저쪽에서] 반한이 왔는데 [그 내용이] 위처럼 전과 같은 [역시 동의할 수 없는] 것이라면 [이후 교섭은] 어떤 [방침으로 저쪽에] 반답을 해야 하는 것인지요. 그 속내를 [알려주시길] 청합니다.

一 猶亦備 候得ハ一人ニ而ハ任付候様罷成
商人寄ニ相解申ニ付而候而御座候
仕候所相知不申候 彼国ニ而申きかせ候様ニ申付
少々存知候者ニ申付 此度對州江直勤候所
於一人罷下候 右寛文七年 今乾院
ニ罷在候所 今乾院ゟ移ル相渡差遣侍
憲長老罷下候而 對州ト渡差留
申し難申付有候事

一 輪番之僧臨時ニ一人被仰付候儀者日本之商人密々朝鮮国ニ罷渡御法度之商売仕候段相知其趣彼国江申遣候様ニ被仰付候節私方より願申候処対州江在勤之僧之外別而一人可差下之旨寛文七年金地院江被仰付候故金地院より私江相談在之建仁寺憲長老差下被申候対州江往来在留中之雑用私方より申付候事

一 輪番の僧を臨時に一人[お役として]仰せ付けられる事については[これまで同様な例はございます。かつて]日本の商人が密かに朝鮮国へ渡り、御法度の商売を行った事が[ございました。その事が世間に]知られ、その事について彼の国へ[密貿易の取り締まりの]申し入れをするよう[公儀から]御命令を受けました。その節、私方から[公儀へ申し上げたのは、そのような事を朝鮮へ申し遣わすためには、その書簡をしたためる文章の巧みな儒僧が必要でございます。そのような僧侶の派遣を]お願い致しますと、そのように申し上げました。すると対州へ在勤の僧の外に、特別に壱人、差し下すとの御趣旨[の連絡があり]寛文七年[その人選について]金地院へ御指示がございました。それゆえ金地院から私の方へ相談が有り、建仁寺の憲長老を[対馬へ]差し下すと申されました。対州への往来、そして在留中の雑費用は、私の方から申し付けます[と答え、そのような派遣が行われました。]

1. 윤번승을 임시로 한 사람 [역인으로] 명하는 일에 대해서는 [지금까지 그러한 예가 있었습니다. 과거에] 일본 상인이 비밀리

에 조선국으로 건너가, 불법 상매를 행한 일이 [있었습니다. 이 일이 세간에] 알려져, 그 일에 대해 그 나라에 [밀무역 단속을] 요구할 것을 [장군으로부터] 명받았습니다. 그때, 제가 [장군에게 말씀드린 일은 그러한 일을 조선에 요구하기 위해서는, 그 서간을 작성할 수 있는 문장이 뛰어난 유승이 필요합니다. 그러한 승려의 파견을] 원합니다. 그렇게 말씀드렸습니다. 그러자 타이슈우에 재근하는 승 외에 특별히 한 사람을 내려보낸다는 취지[의 연락이 있어], 칸분 7년에 [그 인선에 대해] 콘치인에 지시가 있었습니다. 그렇기 때문에 콘치인에서 제 쪽에 상담하여, 켄닌지의 헌장노를 [쓰시마에] 보낸다고 말씀하셨습니다. 타이슈우의 왕래 그리고 재류 중의 잡비용은 이쪽에서 부담합니다 [라고 답하고, 그러한 파견이 행해졌습니다.]

一竹嶋之儀ニ付朝鮮江申、公儀被成候段承知仕候
依之御老中様ニ而差出申候也
不通為御家之東莱府ゟ朝鮮之申候
御縁何方一旦ニ而被成候而今之通ニ
候得共難被仰候得共大切可被思召候
申達候ニ付之申達仕置被申付候

一 竹嶋之儀ニ付朝鮮国之不念成儀度々有之故其段急度申達候ハヽ若事済申儀も可有御座哉与奉存候乍然朝鮮之国風不依何事一応ニ而埒明不申候今度之儀者猶以彼国ニも大切ニ可存候間大体ニ申達候分ニ而者中々承引仕間敷候稠敷

一 竹嶋の事に付いては、朝鮮国の不念[すなわち失態あるいは粗忽]と言うものでございます。そのような事が度々これまでございました。それゆえ今回[こちらから]きっぱりと[竹嶋は日本の領域内にある島であると]申し入れを行えば、あるいは事は済んでしまうのではないか、そのような事も[大いに]有り得る事だと考えております。しかし一般的に言えば、朝鮮国の国風と言うのは、何事に依らず一応に埒の明かぬ事であります。今度の事は、殊更、彼の国にとっても大切に思う所でございましょう。それゆえ大まかに申し入れただけでは、中々承引する事は難しいと思います。

1. 죽도의 일에 대해서는, 조선국의 결례(즉 실태 혹은 경솔)라고 해야 하는 것입니다. 그와 같은 일이 자주 지금까지 있었습니다. 그렇기 때문에 이번에 [이쪽에서] 단호히 [죽도는 일본의 영역 안에 있는 섬이라고] 요구하면 어쩌면 일은 해결되지 않을까, 그러한 일도 [충분히] 있을 수 있는 일이라고 생각하고 있습니다. 그러나 일반적으로 말하면, 조선국의 국풍이라는 것은 어떤 일이든 쉽게 해결되지 않습니다. 이번 일은 특히 그 나라에서도 중요한 일이라고 생각하고 있겠지요. 때문에 적당히 요구하는 것만으로는 좀처럼 해결되기 어렵다고 생각합니다.

申達候様ニとの仕合ニ申越候而今ニ差延候ハヽ彼是
不例ニ人数も先例ニ相増候得共先年ゟ
彼方願而役人ゟ請候儀ニ而
平生節之様子ニ付常ニ眼人ニ宿ニ迄遣候様
古来ゟ申合之通ニ而不苦之事ニ候東萊役人江申談
仕候段申達候様ニ申付候月日追而申達候

申達候様ニ可仕与奉存候今度差渡候使者召列候人数も先例より相増差渡可申候彼方取次之役人江申談候儀不埒ニ候ハヽ其節之様子ニより常ニ日本人不罷通候様ニ古来より申合置候所迄も罷越役人江対談仕急度申達候様ニ可申付候哉与奉存候事

[それゆえ、ここは]事細かく申し入れを行うべきと[そのように]考えております。今度、朝鮮へ差し渡す[予定の]使者については、その召し連れる人数も先の例より増やし[威風を以て]差し渡したいと思っております。もしあちらの取次の役人どもが、この会談に際し不埒[の態度]を取れば、その節の様子によっては[こちらは示威の行動を取ろうかと思っております。] 常々日本人が罷り通らぬ様、古くから[あちらと]申し合せ置いた所迄も[こちらは敢えて]罷り越し[あちらの]役人へ対談を強い、厳しく申し入れるべきと[この度の使者については]思っております。

[그래서 여기서는] 세밀하게 요구해야 한다고 [그렇게] 생각하고 있습니다. 이번에 조선에 보낼 [예정의] 사자에 대해서는, 그 수행원의 인원수도 전보다 늘려 [위풍을 갖추어] 보내고 싶다고 생각하고 있습니다. 만일 저쪽의 주선 역인들이 이 회담에 임해 불손[한 태도]를 취하면, 그때 상황에 따라서는 [이쪽은 시위 행동을 취할까 생각하고 있습니다.] 일상적으로 일본인이 가지 못하도록, 예부터 [저쪽과] 합의해 놓았던 곳까지도 [이쪽은 일부러] 넘어가 [저쪽] 역인에게 대담을 강요해, 엄중히 요구해야 한다고 [이번의 사자에 대해서는] 생각하고 있습니다.

一
竹嶋ニ数年日本ゟ渡海仕来候処彼方ゟ
御構ヘ申候由此方ゟ急度申募可然候ハゝ
又ハ彼国之御帳ニ載候分一通り相叶ヘ申候而
而次第内ゟ下り候ハゝ又ハ此方ゟ調成申掛
申分ニも埒明可申彼方ゟ論申募
筋ニ而可在之事ニ候哉と存候而も不宜候へ
只今ニ而ハ此三ヶ條ヲ以御断被仰候而
手頭ニ相認申掛候ても可然存候

一　竹島江数年日本より渡海仕来候間彼方より如何様ニ申候共此方より急度申募可然候哉又者彼国之内ニ候段申分一通り相聞へ申候ハヽ取次案内可申候哉又者此方より稠敷申掛申分ニ而も埒明不申彼方より強而申募事ニ候ハヽ其節ニ至而御了簡も可有之与之思召ニ候哉此三様之内御内意被仰聞候ハヽ其趣ニ随ひ申掛様も可有御座与奉存候事

一　竹嶋については、長年月、日本から渡海を仕って参りました。それゆえあちらから、どのように言って来ても、こちらからきっぱりと[こちらの思うところを]言い切り「それで抑え込んでしまうという段取りで」交渉を行いたいと考えております。あるいは又、彼の国の[領域]内に[この島が]あるとする[あちらの]言い分を[この際]一通りお聞き入れになり、その旨を[上様へまで]御取次および御案内(説明)を申し上げ[御裁断を仰ぐ]と言う段取りも有り得ます。さらに又[今回は]こちらから厳しく申し掛け、そのような遣り方で処理が可能であれば、それで済ませてしまい、そのような事では処理が出来ず[なお]その上で、あちらから強いて申し募りがあるようであれば、その節に至って、またお考え様になられるという段取りも有り得ます。この三様の内[いずれの段取りで行えば宜しいのか]御内意をお聞かせいただきたく存じます。お聞かせいただければ、その御趣旨に随い[あちらへの]申し掛け様が有るからでございます。そのように考えているからでございます。

1. 죽도에 대해서는 오랜 세월 동안 일본에서 도해를 해왔습니다. 그래서 저쪽에서 어떻게 말해온다 해도, 이쪽에서 단호하게 [이쪽 생각을] 이야기하여 [그것으로 제압해 버리는 절차로] 교섭하고 싶다고 생각하고 있습니다. 또는 그 나라 [영역] 안에 [이 섬이] 있다는 [저쪽의] 말을 [이번에] 일단 받아들여, 그 취지를 [윗분에게] 주선 및 설명해드려 [그 판단을 듣는] 방법도 있을 수 있습니다. 그리고 또 [이번에는] 이쪽이 엄중히 요구하여, 그 같은 방법으로 처리할 수 있다면 그것으로 해결해 버리고, 그 같은 일로는 처리 못 하고 [또] 그 후에 저쪽에서 강한 반발이 있으면, 그때 다시 생각하시는 방법도 있을 수 있습니다. 이 세 가지 중 [어느 방법으로 진행하면 좋을지] 속내를 알려주셨으면 합니다. 알려주시면, 그 취지에 따라 [저쪽에] 요구할 수 있기 때문입니다. 그렇게 생각하고 있기 때문입니다.

右私存寄一通り可申上旨御紙面之趣承知

掛御目候宜様ニ御差図奉頼候以上

十二月六日

宗刑部大輔

右私存寄一通り可申上之旨被仰聞候故書付懸御目候宜様ニ御差図奉頼候已上

十二月六日　　　　　　宗刑部大輔

右は、私が思っている事を一通り申し上げるべきとの御指示がございましたので、その御指示に基づき[こうして]書付に致し、お目に掛ける事に致しました。宜しいように御差図を、お頼み申し上げます。以上でございます(註2)。

十二月六日　　　　　　宗刑部大輔

위는 제가 생각하고 있는 일을 그대로 말씀드려야 한다는 지시가 있었기 때문에, 그 지시에 따라 [이처럼] 서부로 해서 보여 드리기로 했습니다. 잘 해결될 수 있도록 지시해주실 것을 부탁합니다. 이상입니다.

12월 6일　　　　　　소우 교우부 타이후

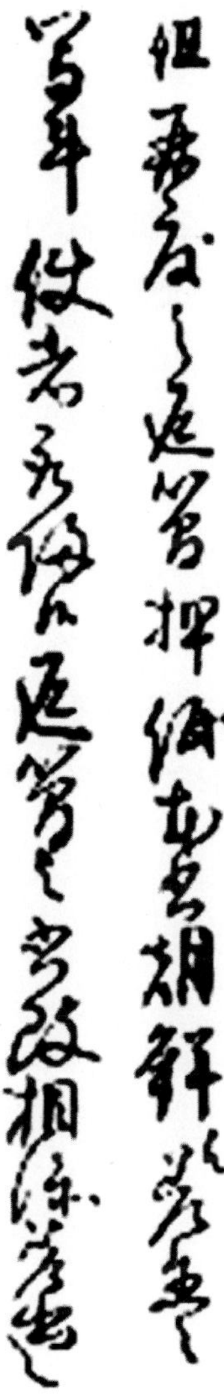

但再度之返簡押紙本書朝鮮江差置之写斗使者取帰候返簡与書改相添差出之

但し再度の返簡については、押紙を置き[説明を加えている。] その本書については朝鮮に差し置いてあり、その写しだけを使者は[こちらに]持ち帰った。その返簡の書[の写し]と押紙の書とを、改めて相添え、これをも[豊後守様へ]差し出した。

단, 두 번째 반한에 대해서는 부전지를 첨부해 [설명을 첨가했다.] 그 본서에 대해서는 조선에 놓아두었기 때문에, 그 사본만을 사자가 [이쪽에] 가지고 돌아왔다. 그 반한서[의 사본]과 부전지의 기록을 다시 첨부해 이것도 [분고노카미사마에게] 제출했다.

一 旧月十二日三浦者共より方々東萊江候
而相頼候付、右書付出処者後日相見通
而議少茂無之ニ付、使者少々作候段ニ付
出候奇物ニ而内証ニ而結候而何とれも
物内證ニ而取中ニ而候し 物相尋候し候
人儀ニ而も難申ニ付東萊江ニ而出通り中候
御役儀之支ニ候而難く之成候ニ付

(37-07)

〃同月十一日三沢吉左衛門方より直右衛門儀被相招候付罷出候処豊後守様御逢被成御直ニ被仰聞候者竹嶋之儀ニ付思召寄私江御内証被仰聞候故何も江も私内証ニ而咄申候依之私存寄有之候故人伝ニも難申候付直右衛門江逢候而申進候御役儀之事ニ候故我々与風御差図仕候

(37-07)

〃同月(十二月)十一日[私すなわち平田]直右衛門に三沢吉左衛門方から呼び出しがあった。[早速]罷り出たところ、豊後守様が[直接]御会いに成られた。そして直々にお聞かせいただいたことは、竹嶋の事に付いてであった。そのお考えを私[直右衛門]に御内証ということで[その御思案を]お聞かせ下さった。それゆえ私も、どこへも漏らすことなく内証で[豊後守様だけに]お話しを申し上げる事にした。これに依って[元来]私の考えている事が有り、それは人伝えでは申し上げ難い事であったが[豊後守様が直接]直右衛門へ会って下さったので[そのありのままを]そのまま申し上げる事ができた(註3)。[それは以下の通りの言上である。すなわち]御役儀の事でございますので[全て仰せに従い、行う積もりでございますが]我々[対州の者]の風習として、とかく御差図を仕っても、

(37-07)

〃동월(12월) 11일 [나 즉 히라다] 나오에몬에게 미사와 요시자에

몬의 부름이 있었다. [서둘러] 나가자, 분고노카미가 [직접] 만나주셨다. 그리고 직접 말씀해주신 일은 죽도의 일에 대해서였다. 그 생각을 나[나오에몬]에게 비밀리에 들려주셨다. 그래서 나도 어디에도 발설하지 않고 비밀리에 [분고노카미사마에게만] 말씀드리기로 했다. 이것으로 [원래] 내가 생각하던 바가 있어, 그것은 사람에게 말하기 어려운 일이었으나 [분고노카미사마가 직접] 나오에몬을 만나주셨기 때문에 [그 사실대로] 그대로 말씀드릴 수 있었다. [그것은 이하와 같은 진언이었다. 즉] 역무에 관한 일이므로 [모든 것을 지시에 따라 행할 생각입니다만], 우리들 [타이슈우 사람들]의 풍습으로 어쨌든 지시에 따른다 해도,

候も得と申合候ハ、上意之事ニ難被仰達
可有之候ニ付、竹島之儀以前ゟ
朝鮮之島と相見へ候、殊ニ八十年以来
日本ゟ渡り来候所、此方ニ属し候様成
候所、此段ニ而相違無之候ハゝ、人質之者
朝鮮人存知之候、彼国之方ニ而候ハゝ遣

而も得与御合点不参候事ハ難被仰遣可有之候間申達候竹嶋之儀以前者朝鮮之内与相聞へ候得共八十年以来者日本より渡り来候故此方江属し候様ニ罷成候故此段如何様共分かたく候人質ニ留置候朝鮮人存違ニ而彼国ニ而申候故くい違

とくと御合点の参らぬ事については、御指示があっても[なかなかその通りには行い]難いと言う所がございますと[まず]このように[この折]申し述べて置いた。そして竹嶋の事については、以前は朝鮮の[領域]内にある島と聞いておりましたが、この八十年来、日本から[漁民が]渡り行くようになり、こちら[の領域内]に属するように成りました。それゆえ[どちらの国のものか]今となっては、もう見分け難くなって来ております。人質として留め置いた朝鮮人の事についてでございますが[彼の者どもには]思い違いが

충분히 납득가지 않는 일에 대해서는 지시가 있어도 [좀처럼 그대로 행하기] 어렵다고 할 수 있습니다 라고, [우선] 이렇게 [이때] 말씀드려 두었습니다. 그리고 죽도의 일에 대해서는 이전에는 조선 [영역] 안에 있는 섬이라고 듣고 있었습니다만, 이 80년 이래 일본에서 [어민이] 도해하게 되어, 이쪽 [영역 안]에 속하게 되었습니다. 때문에 [어느 나라의 것인지] 지금에서는 구별하기 어렵게 되었습니다. 인질로 잡아두었던 조선인의 일입니다만 [그자들에게는] 착각이

有之處此儀も右様ニ而者無之候更ニ私存候ハ
竹嶋之儀日本より數年渡海來候事ニ候者
日本より申候而相渡候得彼方より承候て
無之ニ付何となく御沙汰之儀無之様
之儀可致存候ニ付上論候て候得共
候ニも及申間敷存候此儀ハ留之儀
可然儀ニ存候其上ニ而何様ニも可相済
差遣　上聞候事ニ付下上ニ而延候て
申候處仕度候處無之上御座候

而も得与御合点不参候事ハ難被仰遣可有之候間申達候竹嶋之儀以前者朝鮮之内与相聞へ候得共八十年以来者日本より渡り来候故此方江属し候様ニ罷成候故此段如何様共分かたく候人質ニ留置候朝鮮人存違ニ而彼国ニ而申候故くい違有之由此段も左様ニ可有之事ニ候私存候ハ唯今迄日本より数年渡り来候事ニ候間日本より者弥可相渡候間彼方より罷渡候ハヽ其通ニ与何となく被仰遣急度無之様被成可然存候然上者輪番之僧別而罷下候ニも及申間敷与存候此段御了簡被成可被仰聞候其上表立何茂江も遂相談若達　上聞候事ニ候ハヽ申上候而御返答可申候由御意被成候処直右衛門申上候ハ御意

あり、それを彼の国で申し上げたものですから[当然、こちらとの]くい違いが生じております。このような事で有りますので、この点も[あちらの国とは齟齬があり]修正のための交渉が必要でございます。私が思うには、唯今まで日本から何年にも亘り[彼の島へ]渡海して漁を行って来た事実がございます。それゆえ日本からの渡島は[今後も]全く構わないと言うものでございましょう。また、あちらからの渡島も[元々あちらの島でございましたので]その通りに[全く構わないと]何となく[そのように公儀は御判断なさり、その旨をあちらへ]仰せ遣わされる[事であろうと推察致します。共に渡海して漁ができるよう、入り会いの島である事を、両国で確認すると言うものです。]しかし絶対に、そのような御判断は成さらないでいただきたい。もしそのような御判断を成さるのであれば、輪番の僧を特別に罷り下るよう[わざわざ]申し上げ[文書作成の依頼に]及ぶ必要はありませんでした。この事を[よくよく]御考えに成られ、その御思案なさる所をお聞かせ下さい。その上で表立って、いずれの御方様へも御相談を申し上げ[両国の民が入り交じる危険性について、こちらから詳しい説明を]遂げたいと思っております、もしも上聞に達するというような事に相成ったならば[改めてこの事について]申し上げ[お下問があれば精一杯の]御返答を申し述べたいと思っておりますと、このように申し上げた。すると[豊後守様は、入り会いの島とすることは確かに不可と、そのように]御同意に成られました。そのような所で、さらに[私]直右衛門が申し上げた事は[豊後守様の]御考えの

있어, 그것을 그 나라에 말씀드렸기 때문에 [당연히 이쪽과는] 의견차이가 있습니다. 이러한 일이기 때문에 이 점도 [저쪽 나라와는 저어가 있어] 수정을 위한 교섭이 필요합니다. 제 생각으로는 지금까지 일본에서 몇 년에 걸쳐 [그 섬에] 도해해 어렵해 온 사실이 있습니다. 그렇기 때문에 일본에서의 도해는 [금후에도] 전혀 문제되지 않는다고 말할 수 있는 것입니다. 또 저쪽에서의 도해도 [원래 저쪽의 섬이었기 때문에] 그대로 행해도 [전혀 문제없다고] 흐름상 [그렇게 장군은 판단하시고, 그 뜻을 저쪽에] 명해 보내실 [것이라고 추찰합니다. 함께 도해하여 어렵할 수 있도록, 서로가 출입하는 섬임을 양국에 확인시킨다는 것입니다.] 그러나 절대로 그와 같은 판단은 하지 않아 주셨으면 합니다. 만일 그 같은 판단을 하시게 되면, 윤번승을 특별히 보내주실 것을 [일부러] 말씀드려 [문서작성을 의뢰]할 필요가 없었습니다. 이 일을 [잘] 생각하시어, 그 판단을 알려 주십시오. 그 후에 공개적으로 어느 분에게라도 상담하여 [양국 인민이 출입하여 뒤섞이는 위험성에 대해 이쪽에서 자세히 설명]하고 싶다고 생각합니다.

혹시 장군이 듣게 되신다면 [다시 이 일에 대해] 말씀드려 [하문이 있으면 성의껏] 답변드리고 싶다고 생각하고 있습니다, 이렇게 말씀드렸다. 그러자 [분고노카미사마는 함께 출입하는 섬으로 하는 일은 확실히 불가하다고, 그렇게] 동의하셨습니다. 그러한 상황에서 다시 [나] 나오에몬이 말씀드린 일은 [분고노카미사마가] 생각하시는

之通ニ御座候ハ竹嶋之儀此方ゟ申入
候節以前ニ而も御座候ハ竹嶋ニ而無之
様ニと之御挨拶ニ而御座候哉之儀ニ御座候哉と大形
右使者様ニ代り候而右段申候様ニ相聞
仕候数年以前之属嶋之様子承候ニ付
右之通存寄有之候得者右之趣議候筋ニ候
存候ニハ唯今ニ而も此通之趣ニ付存候段申候
入交ニ而以来共ニ出来様之ニ申渡し
商売等も不仕候而も存候ハ、以前之儀

之通御尤奉存候竹嶋之儀いつ比より日本人渡り始申候哉其段者不存候得共五十九年以前迄之証拠ハ手前ニ茂御座候大形　台徳院様御代時分より罷渡候哉与推量仕候数年日本之属嶋之様ニ罷成居候故右之通存寄書付差上候乍憚差留候而奉存候ハ唯今迄之通双方より罷渡候而者入交候而以来災も出来殊ニ者御法度之商売等も可仕候哉与奉存候以前茂

通り[を、こうしてお聞き致し、その事については]御尤もと存じ上げます。[お尋ねの]竹嶋の事についてでございますが、いつの頃から[この島に]日本人が渡り始めたのか、そのような事は[私の方では]わかりません。しかし五十九年以前にまで[遡る]証拠が、手前ども[対馬府中藩の資料]にはございます。おおかた台徳院様(徳川秀忠)の御時世の頃から[日本人は彼の島に]渡っていたのだろうと推量致します。以来、長年月にわたり、日本の属島の様に成って居りましたから[こうして今に至っているのでございます。] 右の通りとなっている[証拠の]書付けを[ここで]差し上げる事に致します。[このように縷々豊後守様に御説明を申し上げておいた。そのような中で、さて、言うのも]憚る事ではございますが[と切り出し、伯耆から島への渡海を]差し留めてはいかがでしょうか[と私の提案を、ここで申し上げた。その理由は]唯今迄の通り双方から[島に]渡っていては[両国の民が]入り交り、それによって災い事なども起こって参ります。殊に御法度の商売(密貿易)等も起こって来る事と思います。以前も

바[를 이렇게 들어, 그 일에 대해서는] 당연하다고 생각합니다. [물으시는] 죽도의 일에 대한 일입니다만, 언제부터 [이 섬에] 일본인이 건너가기 시작한 것인지, 그러한 일은 [우리 쪽에서는] 모릅니다. 그러나 59년 이전까지 [거슬러 올라가는] 증거가 저희들 [쓰시마 후츄우 한자료]에는 있습니다. 대개 다이토쿠인사마(토쿠가와 히데타다) 시대부터 [일본인은 그 섬에] 도해하고 있었던 것으로 추량됩니다. 이래로 오랜 세월에 걸쳐 일본의 속도처럼 되어 있었으므로 [이렇게 현재에 이르는 것입니다.] 위와 같이 된 [증거] 서부를 [여기서] 바치기로 합니다. [이렇게 누차 분고노카미사마에게 설명해드려 두었다. 그러던 중, 말하기도] 꺼려지는 일입니다만 [이라고 말을 꺼내, 호우키에서 섬으로 가는 도해]를 금지시키면 어떨까요 [라고 나의 제안을 여기서 말씀드렸다. 그 이유는] 지금까지 그대로 쌍방에서 [섬에] 도해해서는 [양국 인민이] 뒤섞이고, 이로 인해 분쟁 등도 일어납니다. 특히 불법 상매(밀무역) 등도 일어날 것입니다. 이전에도

共儀右郷人拵船之中支法申候處
武具金銀等密々朝鮮ヘ持渡商賣仕
候處先之とも申付義有之處寛文年中ニ
朝鮮之儀ニ付而御停止之處ニ候而此
者密賣仕候ニ付而候儀ニ付御法度
此頃屋之者渡海申上候処以書付差出候ハ
ニ申付ニ而候儀ニ付候ハ入交候ハ其
日本のかた年久渡海来候口ハ入合之
一同之諸ゟ候朝鮮ゟ之渡海ニ付候

長崎より町人共抜船与申事仕御法度之武具金銀等密ニ朝鮮江持渡商売仕候故先日も書付差上候通寛文年中ニ朝鮮江茂其段急度被仰遣此方之者共罪科ニ被行候儀ニ御座候差当此段如何ニ奉存候由申上候処御意被成候ハ其節之儀ニ而ハ無之候入交候而ハ如何ニ候日本より者年久敷渡来候故只今之通可罷渡候間朝鮮より者罷渡り候ハゝ其通与

長崎から町人共が抜船と申す事を行い、御法度の武具や金銀等を密かに朝鮮へ持ち渡り、商売を行っておりました。(註4) それゆえ先日も書付を以て差し上げた通り、寛文年中には朝鮮へも、そのような[抜船の]事を厳しく仰せ遣わされました。こちらの者共が[その折には]罪科を申し付けられた事でございました。差し当り、このような事を[豊後守様へ]申し上げ、その上で、さてどのように御考えでしょうかと、そのように申し上げた処[まことに尤もと]御同意に成られた。そのような[御法度の商売(密貿易)の]事は、昔の事では無い。[今も]入り交っては[果たして]どうであろう[大変な事になる。]日本からは、年久しく渡海を果たして来たので、只今の通りに渡る事は構わないとなり[その一方で]朝鮮からも渡る事は構わないとなれば、その通りに

나가사키에서 정인들이 발선이라는 일을 행해, 불법의 무구나 금, 은 등을 몰래 조선에 가지고 건너, 상매하고 있었습니다. 때문에 전에도 서부로 올린대로, 칸분 연중에는 조선에게도 그러한 [발선의] 일을 엄중히 전언했습니다. 이쪽 사람들이 [그때] 죄과를 명받았습니다. 우선 이같은 일을 [분고노카미사마에게] 말씀드리고, 그 후에 어떻게 생각하시는지 그렇게 말씀드리자 [참으로 당연하다고] 동의하셨다. 그러한 [불법 상매(밀무역)의] 일은 오랫동안 도해해 왔기 때문에 지금처럼 도해하는 일은 문제없는 일이 되고, [그 한편으로] 조선에서도 도해하는 일이 문제없다고 되면, 그대로

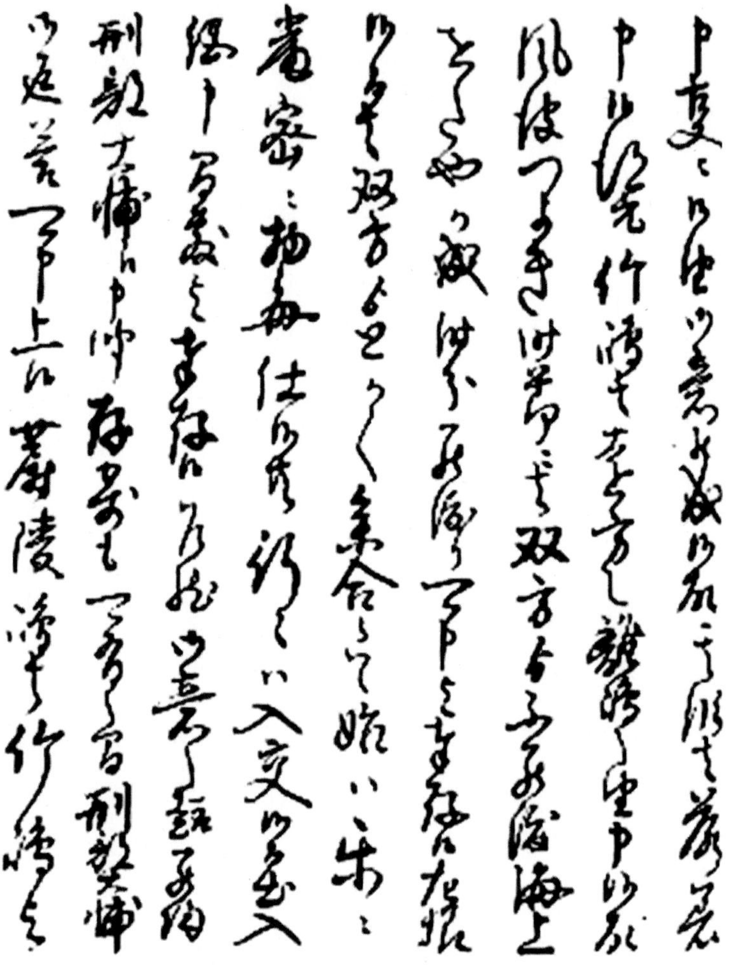

申事ニ候由御意被成候故其段者落着申候得共竹嶋者遠方之離嶋之由申候故風波つよき時節ニ者双方より不罷渡海上をたやか成時分罷渡り可申与奉存候左様候而者双方よりとかく参合候ハゝ始ハ互ニ厳密ニ物毎仕候共行てハ入交候而出入絶申間敷与奉存候乍然御意之趣罷帰刑部大輔江申聞存寄も可有之間刑部大輔御返答可申上候蔚陵嶋者竹嶋与

[両国の民が入り交じる]事になる。そのように[豊後守様は確かに]御了解に成られた。それゆえ、その[入り交じっての島での]作業については[不可と御判断をいただき、この解決策はお取り上げにならない事に]落着を致した。[註5]　だが[時期を違えて、別々に渡海する事は、果たして如何であろうか。そのような解決策ならば構わないのではないか。そのような御検討もあった。そこで申し上げた事は]竹嶋は遠方の離れ島であると聞いております。風波つよい時節には、双方ともに、島に渡る事は困難でございます。海上が穏やかに成った時期を見計らい、罷り渡る事に成ります。そうであれば双方から[同時期に]とかく参り合う事になります。[すなわち時期を違えて、別々に渡海すると言うわけには参りません。だから渡海を許可すれば、必ず入り交じってしまうでありましょう。] 始めは互いに厳密に物毎を[区分けし、島での作業を別々に]仕っていても、やがて行き着く先は入り交って[の作業となり、その結果]出入が絶え無い事になってしまいます。[どうしたら宜しいのでございましょうかと申し上げた。すると豊後守様は伯耆からの渡海を禁止する事は易い事ではあるが、果たしてそれで宜しいのであろうかと、そのような相談となった。]しかしながら[ともかく豊後守様の]御考えの趣旨を持ち帰り、こちら

の刑部大輔へ聞き合わせを致したいと思います。[刑部大輔自身]その思う所も有るかと存じます。それによって、さらに刑部大輔から御返答を申し上げる事にもなろうかと存じます。[註6] [このように答えて、この問題を引き取った。豊後守様は、さらに]蔚陵嶋は[果たして]竹嶋とは

[양국 인민이 뒤섞이는] 일이 된다. 그렇게 [분고노카미사마는 분명히] 양해하셨다. 때문에 그 [뒤섞인 섬에서의] 작업에 대해서는 [불가라고 판단하시어, 이 해결책은 택하지 않기로] 결정했다. 그러나 [시기를 달리하여, 따로 도해하는 일은 과연 어떠할까. 그러한 해결책이라면 문제없는 것 아닌가. 그러한 검토도 있었다. 그래서 말씀드린 것은] 죽도는 원방의 먼 섬이라고 듣고 있습니다. 풍파가 심할 때는 쌍방 모두가 섬에 건너가는 일은 곤란합니다. 해상이 잔잔한 시기를 보아 건너게 됩니다. 그렇다면 쌍방에서 [동시기에] 같이 도해하게 됩니다. [즉 시기를 달리하여 별도로 도해할 수는 없습니다. 그러므로 도해를 허가하면 반드시 뒤섞이게 될 것입니다.] 처음에는 서로 엄밀히 매사를 [구분하고, 섬에서 작업을 따로] 해도 결국에는 뒤섞이[는 작업이 되어, 그 결과] 출입이 끊이지 않게 되어 버립니다. [어떻게 하면 좋을까요 라고 말씀드렸다. 그러자 분고노카미사마는 호우키에서의 도해를 금지시키는 것은 쉬운 일이지만 과연 그것으로 좋은가 라고, 그처럼 의논하셨다.] 그러나 [어쨌든 분고노카미사마의] 생각하는 취지를 가지고 돌아와, 이쪽 교우부 타이후에게 문의하고 싶다고 생각합니다. [교우부 타이후 자신이] 생각하는 바도 있을 것이라고 생각합니다. 그에 따라 다시 교우부 타이후가 답변을 드리게 될 것이라고

생각합니다. [이렇게 답하고 이 문제를 마무리했다. 분고노카미사마는 다시] 울릉도는 [과연] 죽도와는

一信濃ゟ申候處又も都ゝ渡候ニ付申越
朝鮮ゟ被遣只今ニ至申候ハ手前ハ
此方ゟ右之方ゟ方角遠ク不存ゟ候
先彼方ゟ申候趣宣ニ依可存
申付候段以書付上候処被仰渡方角ニ
漁者共ニ候事ゟ申候へ共亦々不存
以後竹嶋之所ニ於竹嶋申渡候

一嶋ニ而御座候哉又者外之嶋ニ而候を朝鮮ニ而存違只今之通申候哉其段ハ此方より遠方ニ而方角違故不存候へ共先彼方より申候趣実正ニ仕候而存寄書付差出候由申上候処外ニ彼方角ニ嶋有之候与承候哉与之御事故具ニ者不存候得共竹嶋之近所ニ松嶋与申嶋御座

一島であろうか、又は外の島であるのに、朝鮮にて思い違いをして、只今の通りに[一島二名として]申しているのでは無いかと、そのような事[までを]も御尋ねになった。そこで、そのような事は[島が]こちらから遠方であり、方向違いであるので、よくは分かりません。しかし先だって、あちらから申して来た[書簡の]趣旨によれば[一島二名と言うのが]実正であり、そのように[あちらは]思っているという書付を差し出して来ております。その[島違いの疑いについて、私共からあちらに、さらに]尋ね掛けた処、その外に、彼の方角に、また嶋が有ると承ったようでございます。具には存じませんが、竹嶋の近所には、松嶋と申す島が御座

1도인가, 아니면 다른 섬인데 조선에서 착각해서 지금처럼 [1도 2명으로] 말하고 있는 것은 아닌가 라고, 그 같은 일[까지] 물으셨다. 그래서 그 같은 일은 [섬이] 이쪽에서 원방이고 방향이 다르기 때문에 잘 알지 못합니다. 그러나 지난번, 저쪽에서 보내온 [서간의] 취지에 의하면 [1도 2명이라는 것이] 사실이고, 그렇게 [저쪽은] 생각하고 있다는 서부를 보내왔습니다. 그 [섬이 다르다는 의구심에 대해서는 우리들이 저쪽에 다시] 질문했는데, 그 외에 그 방각에 또 다른 섬이 있다고 들은 것 같습니다. 자세히는 모릅니다만 죽도 근처에는 송도라는 섬이

候而渡海ニも不罷成候故渡海仕不申候由ニ候
風説ニ承候渡海仕候ニ付其年ニ聢と相知不申
申候由申上候処又此度之儀ハ朝鮮ゟ差留
由申候役人無之候故只今人数ニ而
申付置候様ニ振舞申候事ニ御座候由申上
退出仕候

候而彼所江も罷越候而漁仕所之由下々之風説ニ承候彼筋江御尋被遊候ハヽ相知可申由申上候処又御意被成候ハ朝鮮御屋敷江被差置候役人惣而罷渡居候人数等御書付被下候様ニ与之御事故奉畏候由申上退出仕ル

います。彼の島へも罷り越し、漁を仕るという事でございます。そのような事を下々の風説として承りました。彼の[伯州の]筋へ[この事を]御尋ね下されば[そのような様子は]知る事ができる事でございましょう。と、このように申し上げて置いた。すると又、御同意に成られた(註7)。そして朝鮮御屋敷(草梁和館)へ差し置かれた役人、総ての居留人の数等を、書付にして差し出す様にとの[御希望が有った。] それゆえ畏れながら[その書付をしたため]奉る由を申し上げ、退出した。

있습니다. 그 섬에도 건너가 어렵한다는 것입니다. 그 같은 일을 아랫사람들의 풍설로 듣고 있습니다. 그 [하쿠슈] 관계자들에게 [이 일을] 물어보시면 [그 같은 상황은] 알 수 있는 일입니다 라고, 이렇게 말씀드려 놓았다. 그러자 또 동의하셨다. 그리고 조선의 저택(초량왜관)에 보내둔 역인, 모든 거류인의 인원수 등을 서부로 해서 제출하라는 [희망이 있었다.] 때문에 황송하지만 [그 서부를 기록해] 올리는 취지를 말씀드리고 퇴출했다.

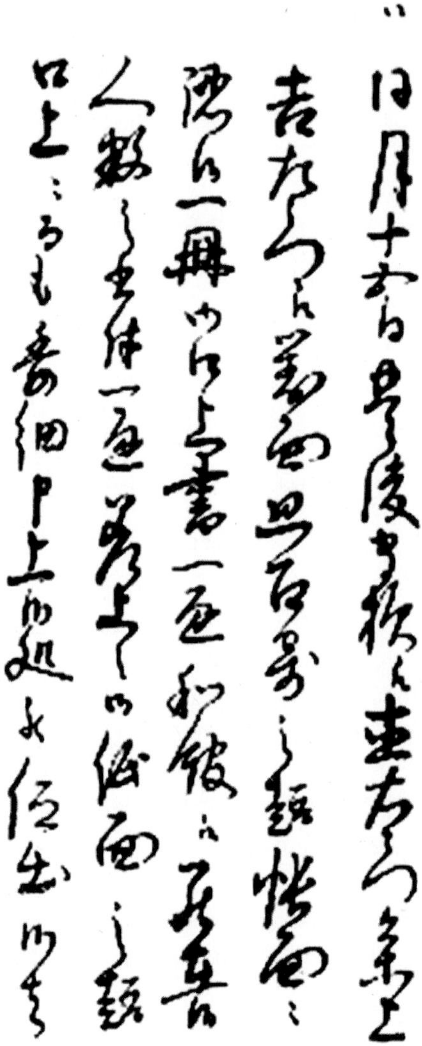

(37-08)

〃同月十五日豊後守様江直右衛門参上吉左衛門江対面思召寄之趣帳面ニ認候一冊御口上書一通和館江罷在候人数之書付一通差上之御紙面之趣口上ニ而も委細申上候処被仰出候者

(37-08)

〃同月(十二月)十五日、豊後守様方へ直右衛門が参上し、吉左衛門へ対面した。[豊後守様の]御意向により「竹嶋に関する一連の」趣旨を帳面にしたためた一冊、また御口上書を一通、そして和館に在住の人数の書付を一通、差し上げた。

(37-08)

〃동월(12월) 15일, 분고노카미사마에게 나오에몬이 참상하여 요시자에몬과 대면했다. [분고노카마사마의] 의향에 따라 [죽도에 관한 일련의] 취지를 장부에 기록한 1책 또 구상서를 1통, 그리고 왜관에 주재하는 인원수의 서부를 1통 바쳤다.

申付置一ツヽ嶋被指出候ハヽ又ゝ隣国之嶋
亦来者比ハ日本之嶋ニ無之異国之嶋ニ付候而
日本人朝鮮人入交り候而ハ必ゝ以後偽
候得入交り候ハヽ随分竹嶋先年八十年
筈之處を以御為ニ罷成候ヘ共 公儀分
我侭之申事ニ御座候由對馬守
其趣書面之振も違候ニ付而
御座候ニ存候此方被指返候而
其ヽ御差出候不被成候相渡申候

書付之趣一々致披見候又々存寄之趣家来を以御家来迄具申達候御書付之内日本人朝鮮人入交候而ハ如何ニ候由被仰聞候通入交り候段者不可然候兎角八十年以来之通与被仰遣可然与存候　公儀より被仰付候与申事無之候而者去々年対馬守殿より被仰遣候書面之振も違候而如何敷候由尤ニ存候乍然此段ハ少々振違候而如何ニ思召候共急度無之様ニ被仰遣可然存候

御紙面の趣旨については、口上によっても、その委細を申し上げた。そのような所で[吉左衛門が改めて豊後守様から御隠居様への御伝言として直右衛門へ]お話し下さったことは[以下のような事であった。すなわち]書付の御趣旨については、その一つ一つを拝見致した。又[こちらが]思っている事の趣旨を、家来[の吉左衛門]を以て[そちらの]御家来[の直右衛門]まで[申し伝えておいたが]具に申し達したようで[満足している。この刑部大輔殿からの]御書付の内には、日本人と朝鮮人とが入り交っては如何であろうかとある。お聞かせいただいた通り[両国の民が]入り交る事は、あってはならない事だと思う。兎も角も[島の扱いは]この八十年に亘る仕来りの通りにと[あちらに]申し入れたいとの[刑部大輔殿の思いは]当然の事であろうと思う。公儀からの御指示であると、そのように[強く]申し伝えなければ[あちらには話しが通じないとも言う。] 去々年(元禄六年)対馬守殿(宗義倫)から申し入れた書面[すなわち再び朝鮮人漁民が島に渡らぬようにと、そのような書面]の様子と[今回申し入れる書面の様子とが]違っていては、確かにどうかと思われる。[それゆえ今回も同様な申し入れを致したいと言うのも]尤もな事である。然し乍ら[今の]この段階に到れば、少々様子が違って来ている

[ようにも思われる。] どのようにお考えになられようとも、絶対に[両国の間で紛争が生じる]事の無いよう[あちらに穏やかに平和裡に]申し伝えて行かなければならない。それは当然のことである。

지면의 취지에 대해서는 구상서로도 그 자세한 것을 말씀드렸다. 그러할 때 [요시자에몬이 다시 분고노카미사마가 은거하신 분에게 전언으로 나오에몬에게] 말씀해주신 일은 [이하와 같은 일이었다. 즉] 서부의 취지에 대해서는 그 하나하나를 배견했다. 또 [이쪽이] 생각하는 일의 취지를 가신 [요시자에몬]을 보내 [이쪽] 가신 [나오에몬]에게 [전달해 두었는데] 자세히 이야기한 것 같아 [만족하고 있다. 이 교우부 타이후도노가 보낸] 서부 안에는 일본인과 조선인이 뒤섞이면 어떨까요 라고 나와 있다. 말씀해주신 대로 [양국 어민이] 뒤섞이는 일은 있어서는 안 될 일이라고 생각한다. 어쨌든 [섬의 취급은] 이 80년에 걸쳐 행해온 대로라고 [저쪽에] 이야기하고 싶다는 [교우부 타이후도노의 생각은] 당연한 일이라고 생각한다. 장군의 지시라고 그렇게 [강하게] 전하지 않으면 [저쪽에 이야기가 통하지 않는다고도 한다.] 재작년(원록 6년)에 쓰시마노카미도노(소우 요시쓰구)가 요구한 서면 [즉 다시는 조선인 어민이 섬에 건너오지 않도록 하라는, 그 같은 서면] 내용과 [이번에 요구하는 서면 내용이] 달라서는 분명 어떨까 생각된다. [그래서 이번에도 같은 요구를 하고 싶다고 하는 것도] 당연한 일이다. 그러나 [지금] 이 단계에 이르면 약간 상황이 달라진 [것처럼 생각된다.] 어떻게 생각하시든 절대 [양국 사이에 분쟁이 일어나는] 일이 없도록 [저쪽에 온화하게 평화롭게] 전하지 않으면 안 된다. 그것은 당연한 일이다.

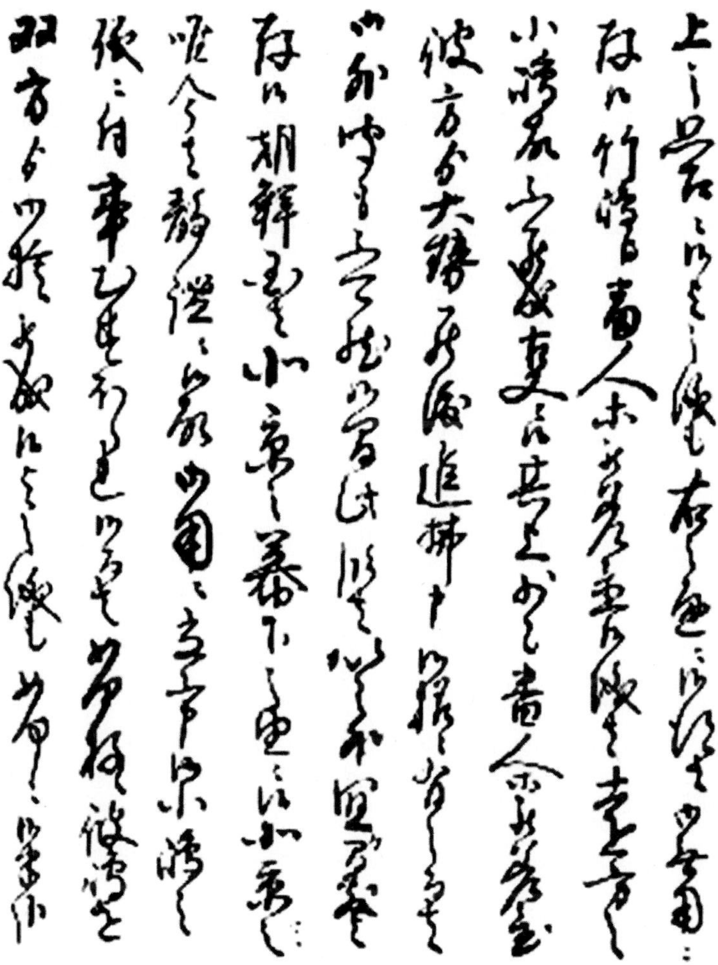

上之思召ニ候与之儀も右之通ニ候得者御無用ニ存候竹嶋江番人等被差置候儀者遠方之小嶋故不罷成事ニ候其上少々番人等被差置彼方より大勢罷渡追払申候様ニ有之而者御外聞も不可然候間此段者以之外宜ケ間敷与存候朝鮮国者北京之幕下之由ニ候北京も唯今者静謐ニ候故御用ニ立不申候小嶋之儀ニ付事むすほられ候而者如何存候彼嶋を双方より御捨被成候与之儀も如何ニ候事哉

[それゆえ]上様の御意向であると[あちらに強く]伝える事も、右の通りであるので[今回は]必要の無い事である。また竹嶋へ番人等を差し置かれる案は[日本から遥か]遠方の小島の事であり[遠征のようになってしまい、御外聞が悪く]罷り成らぬ事である。その上、少々の番人等を[島に]差し置き、あちらから大勢が渡って来て、この[番人等]を追い払うという事態に至っては[なおさらのこと]御外聞は悪い。それゆえ、この案は考慮の外の事であり[遣り方としては]宜しく無い。また朝鮮国は北京(清国)の幕下の由であるが、この北京(清国)は唯今[戦乱は無く、極めて]静謐である。それゆえ[他国の紛争に分け入り、加担するような動きはしない筈で、今回の調停あるいは斡旋といった事にも踏み込まない筈である。それゆえ仲介となる]御用のお役には立たない。[兎も角も]小島の事によって[日本と朝鮮、両国の間の]事が凝り固まってしまい、解けにくくなってしまっては、どうかと思う所である。[そうかといって]彼の島を双方から御捨てに成られるような案も[解決の手段として、果たして]どうであろうか。

[그래서] 윗분의 의향이라고 [저쪽에 강하게] 전하는 일도, 위와 같기

때문에 [이번에는] 필요없는 일이다. 또 죽도에 번인 등을 주둔시키는 안은 [일본에서 아주 먼] 원방에 있는 소도의 일로 [원정과 같이 되고 말아, 평판이 안 좋게 되어] 행하기 어려운 일이다. 게다가 약간의 번인 등을 [섬에] 두어, 저쪽에서 많이 건너와 이 [번인 등]을 쫓아내는 사태에 이르면 [더욱더] 평판이 안 좋아진다. 때문에 이 안은 검토대상이 아니며 [방안으로는] 좋지 않다. 또 조선국은 북경(청국)의 막하인데, 이 북경(청국)은 지금 [전란이 없어 매우] 안정되어 있다. 그래서 [타국의 분쟁에 끼어들어 가담하는 일은 하지 않을 것으로, 금회의 조정 혹은 알선에도 개입하지 않을 것이다. 그렇기 때문에 중개라는] 역할에는 도움이 되지 않는다. [어쨌든] 소도의 일로 [일본과 조선 양국 간의] 일이 얼어붙어, 해결되기 어렵게 되어서는 문제라고 생각하는 바이다. [그렇다고 해서] 그 섬을 쌍방이 버리게 되는 방안도 [해결 방안으로 과연] 어떠할까.

無様ニ被成候而も彼方ニ返し申候得者日本之

御取是候ハ、宜有御座候今一応御考可被成

事ニ付申候様ニ被仰遣置候ニ付而者其方

申候ハ、八十年以来朝鮮へも渡り候様ニ

候得共右之儀申候処ニ而ハ数年

来日本之漁人渡海仕来候処ニ、朝鮮人罷

事も無之候処近年朝鮮之漁人罷渡候

及申候ニ付、此度差越申候様ニ被仰候

可然之事ニ候、左候得者御取上候可然存

御捨被成候而者彼方江返し被遣候同前ニ候故是以不宜存候間今一度御了簡被成御書付被遣候様ニ与之御返答ニ候故直右衛門申候ハ八十年以来之通とハ如何様之思召ニ候哉与吉左衛門江尋申候処被申候ハ数年日本より渡海仕来候得共終ニ朝鮮人罷渡事も無之候処近年朝鮮より両度罷渡候段見及申候間以前之通被申付候様ニ与被仰遣可然与之事ニ候由被申候故左候ハヽ畢竟

御捨てに成られるという事は[拾った事を前提とするため、こちらが取って]あちらへお返しに成られるという事と同前の事で、このような[解決策は、今ひとつ]宜しく無い事と思う。それゆえ今一度[刑部大輔殿に]御思案いただき[こちらへ、また回答となる]御書付を遣わしていただきたい。(註8)このような[豊後守様の]御返答であった。そこで直右衛門が吉左衛門に向かって申した事は、八十年に亘る仕来りの通りとは、どのようなお考えの事を指すのであろうかと、そのようにお尋ねをした。すると[吉左衛門が]申されたのは、幾年もの間、日本から渡海を仕って来たが、ついぞ朝鮮人が渡って来るような事は無かった。そのような処に、近年朝鮮から漁民が[元禄五年、六年の]両度に亘り、島に渡って来る事があった。そのような状態を見て申すのであるが、以前の通り[朝鮮人漁民が島に罷り渡らぬよう、あちらの朝廷から]申し付けて下さるよう[こちらから]申し入れる事は行って当然のことであろう。[そのように吉左衛門は]申された。そこで、もしそうであれば結局のところ、

버리게 된다는 것은 [주웠다는 것을 전제로 하기 때문에, 이쪽이 취해] 저쪽에 돌려준다는 것과 같은 일로, 이같은 [해결책은 어쩐지] 좋지 않은 일이라고 생각한다. 그렇기 때문에 지금 다시 한 번 [교우부타이후도노에게] 검토를 부탁해 [이쪽에 또 회답이 되는] 서부를 보내주셨으면 한다. 이러한 [분고노카미사마의] 답변이었다. 그래서 나오에몬이 요시자에몬에게 말한 것은 80년에 걸친 관례대로라는 것은, 어떠한 생각을 의미하는 것인가 라고, 그렇게 물었다. 그러자 [요시자에몬이] 말한 것은 몇 년간 일본에서 도해해 왔으나, 결국 조선인이 건너오는 일은 없었다. 그러한 상황에서 근년에 조선에서 어민이 [원록 5, 6년] 두 번에 걸쳐 섬에 건너온 일이 있었다. 그 같은 상태를 보고 말씀드리는 것인데, 이전처럼 [조선 어민이 섬에 건너오지 않도록 저쪽 조정이] 명해 줄 것을 [이쪽에서] 요구하는 일은 당연한 일일 것이다. [그렇게 요시자에몬은] 말했다. 그래서 만일 그렇다면 결국에는

八十年以来相模人之為ニ御座候得共年
寄候得ハ若者ニ而候ニ付御座候振候得共
振さうし度書を致兼候ニ付無御振さうし
御筆ニ而御座候ニ付御座候ニ付致一ト通リ宜
御座候得ハ書付ニ而候ハヽ対馬守方ニ而も書付
書面ニ而相認し合ニ而受取ニ付書付ニ而宜候
右之義仕候得ハ八ヶ月之文取之書ニ付何候茶之面
又可申候ニ而承知候得ハ御座候ニ而存候得共
羽倉之御振ニ付候而も御座候而ニ相成候

八十年以来朝鮮人者罷渡不申候処近年罷渡候間以前之通不罷渡候様ニ被申付候様ニ与之底意をふまへ候而申遣候様ニ与之御事ニ候哉与申候得者如何ニ茂其通ニ候由被申候直右衛門申候ハ対馬守方より申遣候書面ニ東都之命を受而申遣候由呉々書載仕候故今更振を替申候段如何ニ候へ共又了簡も可有之候哉御意之通可申聞候双方より御捨被成候段も御返し被成同前ニ候故

八十年の間、朝鮮人は島に渡って来なかった。そのような処を近年になって渡って来たので、以前の通り渡海禁制を[あちらの朝廷が海辺の民に]申し伝えるべきと、そのような底意を踏まえ[今回の]申し入れを行うようにと、そのような事でございますかと[今一度]お尋ねをした。すると如何にもその通りであると[吉左衛門は]申された[註9]。直右衛門が[さらに確認のため]申したのは[先年]対馬守方から[あちらへ]申し遣わした書面の中に、東都の命を受けて申し伝える事であると、そのように念を入れて書き送った事がございます。[この度、刑部大輔から朝鮮へ申し遣わす書面にも、この事を記し置くべきと考えておりました。だがこのように東都の武威に触れて書簡を書き送る事は、豊後守様の御考えにはないようでございます。] だが今更、その姿勢を替えて[あちらへ]申し伝える事も[交渉の連続性といった点から見れば]如何かと思うところでございます。しかし又[両国の友誼交流のため、穏やかな折衝をと、そのような]考え方も有る事であり[豊後守様の]御考えの通り[そのような形で、今後、あちらへは]申し伝えようと思っております。[ともあれ]双方から[島を]御捨てに成られる事は[島があちらに近いだけに、また再び拾われ]御返しに成られ

る事と同前の事になります。それゆえ

80년간, 조선인은 섬에 건너오지 않았다. 그 같은 곳에 근년에 건너왔기 때문에 이전대로 도해금제를 [저쪽 조정이 해변의 인민에게] 명해야 한다고, 그 같은 저의를 포함해 [이번] 요구를 행하라는, 그 같은 의미입니까 라고 [지금 다시 한 번] 질문했다. 그러자 참으로 그대로입니다 라고 [요시자에몬은] 말씀하셨다. 나오에몬이 [다시 확인하기 위해] 말한 것은 [전년에] 쓰시마노카미 쪽에서 [저쪽에] 보낸 서면 중에 에도의 명을 받아 전하는 것이라고, 그렇게 다짐하고 써보낸 일이 있었습니다. [이번에 교우부 타이후가 조선에 보낸 서면에도 이 일을 기록해 두어야 한다고 생각하고 있습니다. 그러나 이렇게 동도(에도)의 무위를 언급하며 서간을 써보내는 일은 분고노카미사마의 생각에는 없는 것 같습니다.] 그러나 이제 와서 방침을 바꾸어 [저쪽에] 전달하는 것도 [교섭의 연속성이라는 시점에서 보면] 어떠할까 라고 생각하는 바입니다. 그러나 또 [양국의 우의교류를 위해 온화한 절충을 해야 한다고, 그러한] 방안도 있어 [분고노카미사마의] 생각대로 [그러한 형태로 금후 저쪽에는] 전달할 생각입니다. [어찌되었든] 쌍방이 [섬을] 버리게 되는 일은 [섬이 저쪽에 가까운 만큼, 또다시 주워] 돌려주는 일과 마찬가지 일이 됩니다. 때문에

宜御座候得者此上之御返詞之内ニハ
今少御念入候而御返詞被仰聞候得共延引
之段可為御難儀候得共左候ハ御座候ハヽ
書付ニ而ハ難申述候ニ付口上ニ而一々申入
申候処右之趣段々相伺候処
隔意無之様被仰付候様ニ申入候
申入候書付ニ而ハ和館ニ而被仰候

不宜候由被仰出候然上者御返詞之内ニハ不被仰出候得共如何様之首尾候共御返し被成間敷与之思召与承届候由申候処吉左衛門被申候者如何ニも詞ニ而者其段不被申候得共左様之存寄与相聞候由被申候故御意之趣有増落着申候間罷帰可申聞由申入ル吉左衛門被申候者和館江被居候人数之

[取ったとか返したとか言う事になり]宜しく無いことであると、そのように[豊後守様は]お話し下さいました。そうであれば御返事の言葉の内には語っておられませんが、どのような首尾になろうと[竹嶋を朝鮮に]御返しには成られ無いと、そのようなお考えを承った事になるのでございましょうかと、そのように[また吉左衛門に]お尋ねをした。すると吉左衛門が申されるには、如何にも[その通りである。島を捨てるとか拾うとかではなく、ただ日本人の渡海を差し止めるだけの事で、それによって互いの入り交じっての問題をなくす事である。具体的な]言葉にては、そのような事を[豊後守は]申されていないが[互いの民が島に渡る事が無いように、紛争が生じないようにと]そのように思っておられると[確かに]聞えて来る。そのように[吉左衛門が]申されたので[豊後守様の]御考えの趣旨については、あらまし[こちらは]了解を致しました。罷り帰り[刑部大輔に、この旨の]報告を致すつもりでございますと、そのように申し入れて置いた。吉左衛門が[さらに]申された事は[朝鮮の和館についての事であった。すなわち]和館へ居られる人数の

[취했다거나 돌려주었다고 말하는 것이 되어] 좋지 않은 일이라고, 그

렇게 [분고노카미사마는] 말씀해 주셨습니다. 그렇다면 반한에는 기록되어 있지 않지만 어떠한 결과가 되든 [죽도를 조선에] 돌려주지 않는다는, 그러한 방안을 들은 것이 되는 것입니까 라고, 그렇게 [요시자에몬에게] 물었다. 그러자 요시자에몬이 말씀하시길, 바로 [그대로이다. 섬을 버린다거나 줍는다거나가 아니라, 그저 일본인의 도해를 금지시킬 뿐으로 그것으로 서로 뒤섞이는 문제를 해결하는 일이다. 구체적인] 말로는 그러한 일을 [분고노카미는] 말씀하시지 않으나 [상호의 인민이 섬에 건너가는 일이 없도록, 분쟁이 발생하지 않도록] 그렇게 생각하고 계신다고 [분명히] 들려온다. 그렇게 [요시자에몬이] 말씀하셨기 때문에 [분고노카미사마의] 생각하시는 취지에 대해서는 대략 [이쪽은] 양해했습니다. 돌아가서 [교우부 타이후에게 이 취지의] 보고를 할 생각입니다 라고, 그렇게 말씀드려 두었다. 요시자에몬이 [다시] 말씀하신 것은 [조선의 왜관에 대한 일이었다. 즉] 왜관에 있는 인원수

右は、内緒書裁判をも相掛之役目ニ御座候
并書役之儀ハ、何方ニても對判ニ認候様致候
町人を對判ニ而町人之中ニ而相勤、三年ニ
交代仕候者も有之、一年ニ交代仕候者も
有之、人能も勝職有之候得共大概何様之事
奥ニ有之候、委細ニ相掛り候之目録書面一冊

書付之内館守裁判者如何様之役目ニ候与申事書役之僧ハ何宗ニ而対州之僧与申事町人者対州之町人与申事扨右之面々三年ニ交代仕候者も有之一年ニ交代仕候者も有之人数も増減有之候得共大概何程与之事奥書被成被遣候様ニ与之御事ニ而帳面一冊

書付の内、館守、裁判は、どのような役目を果たすものなのか。その書役の僧は何宗であり、それは対州の僧なのかどうか。また町人は対州の町人であるのか。さて右の面々は、三年で交代をする者も有り、一年で交代する者も有ろう。その人数も増減が有るであろうが、大概どれほどの人数であろうか。それを奥書に記し[豊後守方まで]お届け下さる様にとの事であった。帳面一冊に

서부 안, 관수, 재판은 어떠한 역할을 수행하는 것인가. 그 서역 승은 무슨 종파이고 그것은 타이슈우의 승인가 아닌가. 또 정인은 타이슈우의 정인인가. 그런데 위의 면면은 3년에 교대하는 자도 있고, 1년에 교대하는 자도 있을 것이다. 그 인원수도 증감이 있겠지만, 대개 어느 정도의 인원수인가. 그것을 오쿠가키에 기록하여 [분고노카미 측에] 제출하라는 것이었다. 장부 1권에

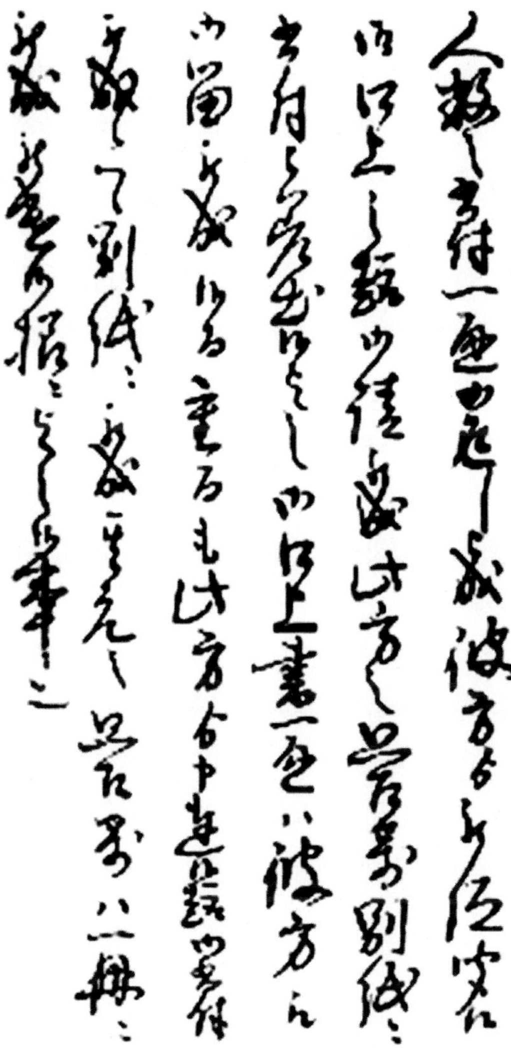

人数之書付一通御返し被成彼方より被仰聞候御口上之趣御請被成此方之思召寄別紙ニ書付被差出候与之御口上書一通ハ彼方江御留被成候而重而も此方より申達候趣御書付被成候ハヽ別紙ニ被成其元之思召寄ハ一冊ニ被成被遣候様ニ与之御事也

人数を書付け、その一通に[右お尋ねについての]御返事を成さって下さるようにと[吉左衛門が申された。そして]あちら[朝鮮]から遣わされた御口上(御書翰)の趣旨を[対馬が]御請けに成られ[それに対する]こちら[対馬からの返答となる]お考えを、別紙に書付け[これまた豊後守様へ]差し出すように[とも申された。] その御口上書[すなわち御返翰]一通は朝鮮[の和館]に御留め置きしているので[その原本については、なお御手元に無い筈である。それゆえ、その写しの内容を踏まえ]重ねて[言うことであるが]こちら対馬から[あちら朝鮮へ]申し伝えようとする趣旨を御書付けに成られ[差し出すようにとの事であった。] それゆえ別紙に記し[お届けする事にした。さらに吉左衛門が申されるには]そこもと(直右衛門)のお考えについては[また別に]一冊にして報告を上げる様にとの事であった。[それゆえ、そのように別に報告を差し上げた。]

인수를 기록하여, 그 1통에 [위의 질문에 대한] 답변을 해 주시라고 [요시자에몬이 말씀하셨다. 그리고] 저쪽 [조선]에서 보내온 구상(서한)의 취지를 [쓰시마가] 받으시고 [그에 대한] 이쪽 [쓰시마의 반답이 되는] 생각을 별지에 기록하여 [이 역시 분고노카미사마에] 제출하라고[도 말씀하셨다.] 그 구상서 [즉 반한] 1통은 조선 [왜관에] 놓아두었기 때문에 [그 원본에 대해서는 아직 수중에 없을 것이다. 때문에 그 사본 내용을 토대로] 거듭해서 [말하는 것이지만] 이쪽 쓰시마에서 [저쪽 조선에] 전달하려는 취지를 서부로 해서 [제출하라는 것이었다.] 때문에 별지에 기록하여 [제출하기로 했다. 또 요시자에몬이 말씀하시기를] 그쪽(나오에몬)의 생각에 대해서는 [또 별도로] 1책으로 해서 보고를 올리도록 하라는 것이었다. [그래서 그렇게 별도로 보고를 올렸다.]

一
惣而御法度 仕置候付候ニ而 日本人と
商賣人ゟも 依之様ニ 朝鮮國ニ而見候
傳之之営 仕候中ニ 人質ニ而留置申候
朝鮮人日本詞を中〻存 知候ニ付 此以後
之色ニ日本人と商賣爲可仕候ニ付候
之害ニ存候由申候

一 直右衛門物語ニ仕候者竹嶋ニ而日本人与商売事も仕候様ニ朝鮮国ニ而風説仕候依之了簡仕見申候ニ 人質ニ御留被成候朝鮮人日本詞を申者列渡り申候此段風説之通ニ日本人与商売為可仕列渡り候歟与不審ニ存候由申入ル

一 直右衛門が[考え]物語った事は[以下の通りである。すなわち]竹嶋において日本人と[朝鮮人とが]商売(密貿易)を行っていると、その様な朝鮮国での風説があるという。この事について思案し推量して見ると、人質として留め置いた朝鮮人は[まさに]日本の言葉を話す者であった。[元禄五年にも日本の言葉を話すものが居た。そのような者が]連年、島に渡ると言う事は、風説の通り日本人と商売をするためではなかろうか。[言葉を交わし商品を交わすという事で、この遠方の島で、御法度の]商売を為すためではなかったろうか。それゆえ連続して渡っていったのであろう。そのように不審に思う所を[書き入れ、この度、別に一冊として]申し入れた。

1. 나오에몬이 [생각하여] 이야기한 것은 [이하와 같다. 즉] 죽도에서 일본인과 [조선인이] 상매(밀무역)를 행하고 있다고, 그러한 조선국의 풍설이 있다고 한다. 이 일에 대해 생각하고 추량해 보면, 인질로 잡아 두었던 조선인은 [그야말로] 일본의 언어를 말하는 자였다. [원록 5년에도 일본의 언어를 말하는 자가 있었다. 그 같은 자가] 연년으로 섬에 건너갔다는 것은 풍설대로 일본인과 상매하기 위한 것이 아닐까. [말을 섞고 상품을 교환하는 일

로, 이 원방의 섬에서 불법] 상매를 하기 위한 것은 아니었을까. 때문에 연속해서 도해한 것일 것이다. 그렇게 수상히 여기는 바를 [기입하여, 이번에 따로 1책으로 해서] 말씀드렸다.

口上之覚

一 御蔵ゟ異人へ渡し候品之内、彼段海綱釘ニも

勝手次第之段御座候處、角双方之志文

評議仕候中、右様之儀諸色ニ而少々[illegible]

[illegible]候共、仕方[illegible]

少事

口上之覚

一　竹嶋江日本人唯今迄之通致渡海朝鮮人茂勝手次第ニ罷渡候而者兎角双方之者入交諍論絶申間敷候殊ニ者御法度之商売等いたし災をも仕出可申哉と此段如何敷奉存候事

口上之覚

(十二月十五日、宗義真から豊後守へ趣旨をしたためた一冊)

一　竹嶋へ日本人が、唯今までの通り渡海を致し、朝鮮人も勝手次第に罷り渡っては、兎角、双方の者どもが入り交り、諍論が絶え無い事になります。殊に御法度の商売[である密貿易]等を致しては、災い事を招きかねない結果となります。この事は見苦しい事と思うところでございます。

구상지각

(12월 5일, 소우 요시자네가 분고노카미에게 취지를 기록한 1책)

1. 죽도에 일본인이 지금까지와 마찬가지로 도해하고 조선인도 멋대로 도해하면, 어쨌든 쌍방의 사람들이 뒤섞여, 쟁론이 그치지 않게 됩니다. 특히 불법 상매[인 밀무역] 등을 해서는 재난을 부르기 쉬운 결과가 됩니다. 이 일은 보기 안 좋은 일이라고 생각하는 바입니다.

一 去々年因伯對馬守方ゟ書簡差越申候
書簡ニ者竹嶋之儀朝鮮人之漁猟相構候
可為御無用之旨被仰出候處
今以文書御構之旨被仰聞候
趣之相伺候所大切ニ存候其上

一　去々年同氏対馬守方より書簡を以申渡候書面ニ　重而竹嶋江朝鮮人不罷越様ニ可申渡之旨蒙仰候由書載仕置候故今更書面之振を替候而ハ被仰付茂軽々敷相聞へ候段大切ニ奉存候其上

一　去々年(元禄六年)宗対馬守(宗義倫)方から書簡を以て[朝鮮へ]申し渡した書面の中に、再び竹嶋へ朝鮮人が渡り来ないよう[朝鮮の朝廷へ]申し入れるよう[公儀から]その旨の仰せを蒙ったと、書き載せて置きました。それゆえ今更、書面の振(形式)を替え[それに触れずに、あちらへ伝えるのも、公儀の]御指示を[ないがしろにするようで、見苦しい所がございます。また公儀の御意向が]軽々しくも聞えます。この事は[国の威信を示す外交交渉において、殊に]大切に思うところでございます。その上、

1. 재작년(원록 6년) 소우 쓰시마노카미(소우 요시쓰구) 측에서 서간으로 [조선에] 보낸 서면 중에, 다시 죽도에 조선인이 건너오지 않도록 [조선 조정에] 요구하도록 [장군으로부터] 그러한 취지의 지시를 받았다고 기재해 두었습니다. 그렇기 때문에 새삼스럽게 서면(형식)을 바꾸어 [그것을 언급하지 않고, 저쪽에 전하는 것도 장군의] 지시를 [소홀히 하는 것 같아, 어려운 점이 있습니다. 또 장군의 의향이] 가볍게도 들립니다. 이 일은 [나라의 위신을 나타내는 외교교섭에 있어, 특히] 소중히 생각되는 바입니다. 게다가

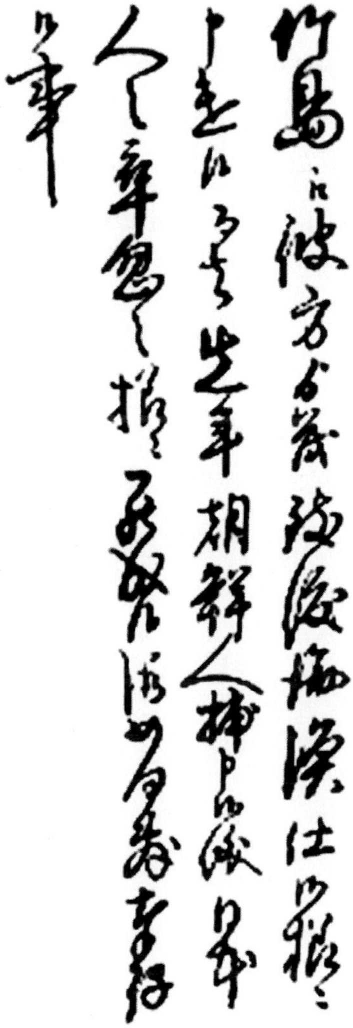

竹島江被方より茂致渡海漁仕候様ニ申遣候而者先年朝鮮人捕申候儀日本人之卒忽之様ニ罷成候段如何敷奉存候事

あちらからも竹嶋に渡海し漁をしてもよい様に[こちらから]申し遣わしては、先年朝鮮人を[罪人として]捕え置いた事が、日本人の粗忽の様に成ってしまいます。その事も、やはりまた見苦しく思われるところでございます。

저쪽에서도 죽도에 도해해 어렵해도 상관없다고 [이쪽에서] 말하면, 전년에 조선인을 [죄인으로] 포획한 일이 일본인의 경솔한 행동처럼 되고 맙니다. 그 일도 역시 모양새가 안 좋다고 생각되는 바입니다.

一
先段申付置候趣も上可遣　對馬守方ゟ
申越候趣　朝鮮人共ゟ申聞候樣ニ　役者
口上之儀　書面之通　上下無之候ニ付候
委細之申達　彼方ニ而　前條通之事
猶申聞も [illegible] 甚以不念之至
申候而 [illegible] 朝鮮人
渡海 [illegible] 候事

一　先頃書付を以申上候通対馬守方より申遣候趣私方より以書簡申渡之使者口上ニ茂書面之通　上之思召ニ候段委細ニ申達彼方直ニ承届候者若事済申儀も可有御座候哉其上ニも不埒ニ御座候ハヽ竹嶋江番人等被差置候ハヽ朝鮮人重而渡海仕間敷と奉存候事

一　先頃、書付を以て申し上げた通り、対馬守方から[朝鮮へ]申し遣わした[書簡の]趣旨を[再度]私方から[改めて]書簡を以て申し渡し、その使者の口上にも、その書面の通り、上様のお考えによる事であると[朝鮮へ]委細に申し伝える積もりでおります。それによって、あちらは直ちに承り[この書簡を朝廷に]届け出る事になります。それで、もしや事は済んでしまうかもしれません。その上で、なお不埒な事があれば、竹嶋へ番人等を差し置かれたならば、朝鮮人は重ねて渡海を仕るような事は、もはや無いと存じます。

1. 지난번에 서부로 말씀드린 대로, 쓰시마노카미가 [조선에] 보낸 [서간의] 취지를 [재차] 제 쪽에서 [다시] 서간으로 말씀드려, 그 사자의 구상에도 서면과 마찬가지로 윗분의 생각에 의한 것이라고 [조선에] 자세히 전할 생각입니다. 그것으로 저쪽은 바로 수취하여 [이 서간을 조정에] 제출하게 됩니다. 그것으로 어쩌면 일이 해결될지도 모릅니다. 그런 후에 여전히 수긍할 수 없는 일이 있다면, 죽도에 번인 등을 배치하면 조선인이 다시 도해하는 일은 더이상 없을 것이라고 생각합니다.

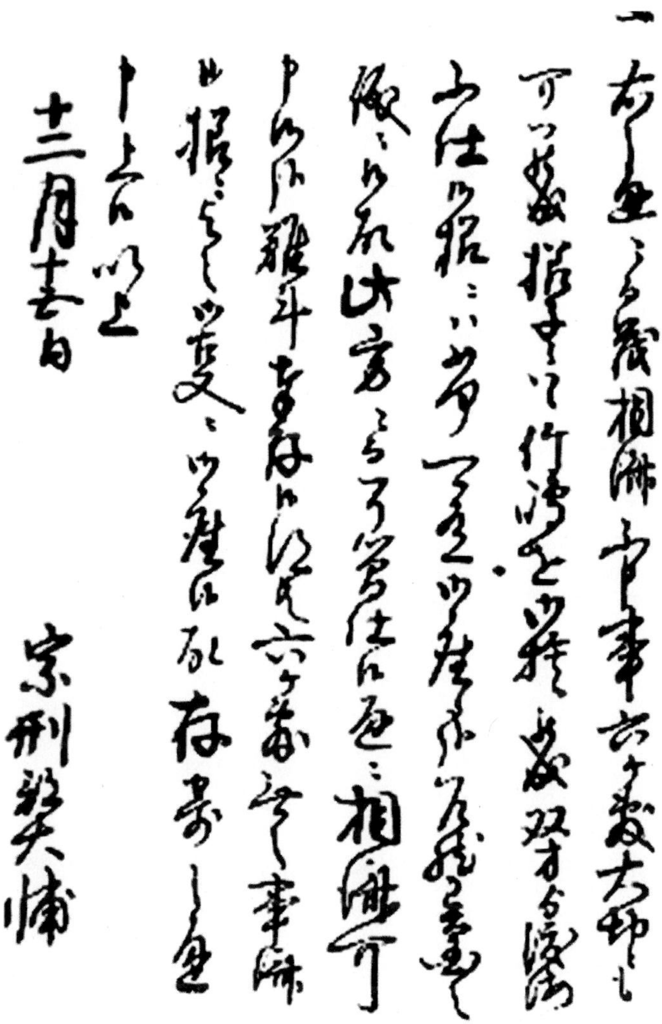
以上
十二月十一日
宗刑部大輔

一　右之通ニ而茂相済不申事六ヶ敷大切ニも可罷成様子ニ候ハヽ竹嶋を御捨被成双方より渡海不仕候様ニハ如何可有御座候哉乍然異国之儀ニ候故此方ニ而了簡仕候通ニ相済可申候哉難斗奉存候得共六ヶ敷無之事済候様ニ与之御事ニ御座候故存寄之通申上候以上

十二月十五日　　　　　　　　宗刑部大輔

一　右の通りでも、事が済まなければ[解決は]難しい事になります。[両国が相争うような]大変な事態に罷り成るような事にもなりかねません。そうであれば、もう竹嶋を御捨てに成られ、双方から渡海しない様になさっては如何でございましょうか。然しながら、異国の事でございますので、こちらで思っているような通りに済む筈はありません。計り難い所がございますが[相争うような]難しい事態にはならないと存じます。私が思っている通りの事を、ここで申し上げました[註10]。以上でございます。

十二月十五日　　　　　　　　宗刑部大輔

1. 위와 같이 해도 일이 해결되지 않으면 [해결은] 어려운 일이 됩니다. [양국이 투쟁하는 것과 같은] 큰 사태가 될 수도 있습니다. 그렇다면 죽도를 버리고, 쌍방에서 도해하지 않도록 하면 어떨까요. 그러나 이국의 일이기 때문에 이쪽에서 생각하는 대로 해결될 리는 없습니다. 예측하기 어려운 점이 있습니다만, [서로 다투는 것과 같은] 어려운 사태는 되지 않을 것이라고 생각합니다. 제가 생각하고 있는 대로의 일을 여기서 말씀드렸습니다. 이상입니다.

12월 15일　　　　　　　　소우 교우부 타이후

口上之覚

竹嶋之儀、以前者朝鮮国之内ニ相見候得共

其後八十年以来日本人渡海漁仕

来候処、此度朝鮮人罷越致漁候旨

只今ニ至日本人渡海漁仕候

様ニ可被成候旨被仰候得共不届ニて

嶋之儀与申候旨をハ、中[illegible]

口上之覚
竹嶋之儀以前者朝鮮国之内与相聞候得共八十年以来日本より致渡海漁仕来候故此段如何様共御分難被成候間只今迄之通〻日本より致渡海漁仕候様〻可被成候間彼国よりも罷渡候ハヽ勝手次第与書簡を以申遣候而者如何

口上之覚(十二月十五日、宗義真から豊後守への口上書)
竹嶋の事は、以前は朝鮮国の領域内にある島だとされておりました。しかしこの八十年来、日本から渡海を致し[この島で継続して]漁を行って来ました。このような事によって[もはや、いずれの島であるか]如何様にも見分けが難しくなって来ております。そのため只今迄の通り、日本から渡海を致し、漁を行ってもよい様に成る一方で、彼の国からも渡って[漁を行う事も]勝手次第であると、そのような[結論にも到り得ます。そして、その旨を]書簡を以て申し遣わすようになっては[両国の民が、実際に入り交じってしまいます。そうなっては互いの民の間で、争い事が生じて来るに違いありません。では]どのように

구상지각(12월 15일, 소우 요시자네가 분고노카미에게 보낸 구상서)
죽도는 이전에는 조선국 영역 안에 있는 섬으로 간주되었습니다. 그러나 이 80년 이래, 일본에서 도해하여 [이 섬에서 계속] 어렵을 행해 왔습니다. 이러한 일로 [이미 어느 쪽 섬인지] 어떻게 해도 구분하기 어려워졌습니다. 그래서 지금까지와 마찬가지로, 일본에서 도해하여 어렵해도 문제없다고 하는 한편, 그 나라에서도 도해해 [어렵하는 것도] 마음대로라고, 그 같은 [결론에 도달할 수도 있습니다. 그리고 그 뜻을] 서간으로 전달하게 되면 [양국 인민이 실제로 뒤섞여버립니다. 그렇게 되면 상호 인민 간에 분란이 생길 것이 틀림없습니다. 그러면] 어떻게

ッ書ニ仕差上候　私存寄之趣ッ申上候
委細ニ者　御座候ハヽ委細可申上候様
存寄之趣　別紙ニ書付差上右之通ニ
宜所御披露可被成候　以上
被成可被下候御頼被成候　以上

十二月十六日

宗刑部大輔

可有御座候哉私存寄之趣可申上由委細ニ被仰聞奉得其意候依之乍憚存寄之趣別紙ニ書付差上候右之内不宜所御座候者被差除可然様ニ御差図被成可被下候奉頼候以上

十二月十五日　　　　　　宗刑部大輔

すればよいのでしょうか。私が思う所を[ここで]申し上げるようにと、委細にお聞かせ下さいました。御考えに沿うように致したいと存じ、以上に依り、憚り乍ら[私の]思っている通りの趣旨を、別紙に書付け差し上げました。右の内、宜しく無い所がございましたら、差し除き、然るべき様に御差図下さいますよう、お頼み申し上げます。以上でございます。

十二月十五日　　　　　　宗刑部大輔

하면 좋을까요. 제가 생각하는 바를 [여기서] 말씀드리도록 하라고, 자세히 질문해 주셨습니다. 생각에 따르고 싶다고 생각하고, 이상과 같이 송구스러워하며 [제가] 생각하는 대로의 취지를 별지에 기록해 올렸습니다. 위 내용 중, 마음에 들지 않는 곳이 있다면 제외하시고, 잘 될 수 있도록 지시해 주실 것을 부탁합니다. 이상입니다.

12월 15일　　　　　　소우 교우부 타이후

朝鮮ゟ被差渡候人数之覚

訳官

堂上役壱人

裁判役壱人

馬上八人程

中小姓十二人程

歩行士廿五人程

医師 壱人

書役僧 壱人

朝鮮国和館江差置候人数之覚

物頭　館守役壱人
裁判役壱人
馬廻八人程
中小姓十一人程
歩行士廿五人程
医師弐人
書役僧弐人

朝鮮国に在る和館へ差し置いた人数の覚え

物頭　館守役　壱人
裁判役　壱人
馬廻　八人程
中小姓　十一人程
歩行士　廿五人程
医師　弐人
書役僧　弐人

조선국에 있는 왜관에 파견해 둔 인원수의 기록

모노가시라(무가의 가로) 관수역 1인
재판역 1인
우마마와리(무사) 8인 정도
츄우고쇼우(하급무사) 11인 정도
보행사 25인 정도
의사 2인
서역승 2인

通詞十人
醫員[illegible]四人
吕倶三十人
小人卯十人
細工人弐人
大工四人
水夫百五十人餘
厨人[illegible]人餘

合上下六百四十八人餘

通詞十人

役目手代四人

足軽三十人

小人弐十人

細工人五人

大工四人

水夫百五十人程

町人弐十人程

合上下六百四拾八人程

通詞　十人

役目手代　四人

足軽　三十人

小人　弐十人

細工人　五人

大工　四人

水夫　百五十人程

町人　弐十人程

上下の者を合わせ六百四拾八人程

통사　10인

야쿠메데다이　4인

아시가루　30인

소인　20인

세공인　5인

목수　4인

선원　150인 정도

정인　20인 정도

상하 합하여 648인 정도

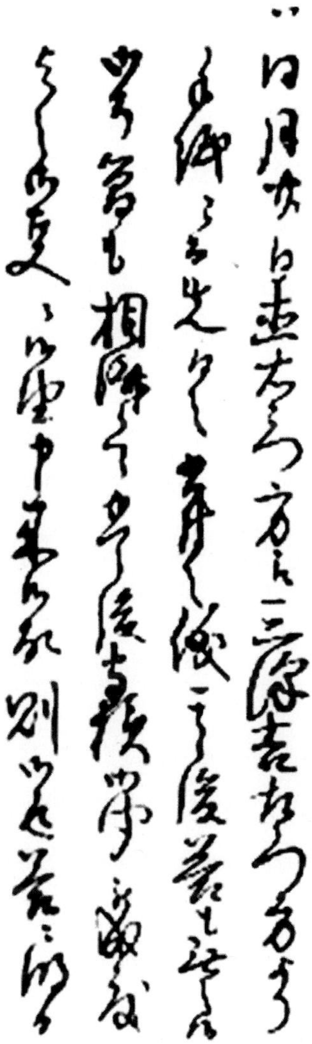

(37-09)

〃同月廿日直右衛門方江三沢吉左衛門方より手紙ニ而先日之書付之儀其後答も無之候御了簡も相済候ハヽ豊後守様御聞被成度与之御事ニ候由申来候故則御返答ニ明日

(37-09)

〃同月(十二月)二十日、直右衛門方へ三沢吉左衛門方から手紙が来た。先日(十二月十五日)[そちらに申し入れをした。その]書付の事についてであるが、その後[そちらからは]答も無いようである。だが、もう御思案も相済んだであろうから、豊後守様が[その結論を]御聞きに成られたいとの事である。それゆえ[こちらまで]お出でいただきたい。則ち明日、

(37-09)

〃동월(12월) 20일, 나오에몬 쪽에 미사와 요시자에몬의 편지가 왔다. 선일(12월 15일)에 [그쪽에서 이야기했던 그] 서부에 대한 것인데, 그 후 [그쪽에서는] 답도 없는 것 같다. 그러나 이미 검토도 끝났을 것이므로, 분고노카미사마가 [그 결론을] 듣고 싶어하신다고 한다. 그러므로 [이쪽까지] 와 주셨으면 한다. 즉 내일,

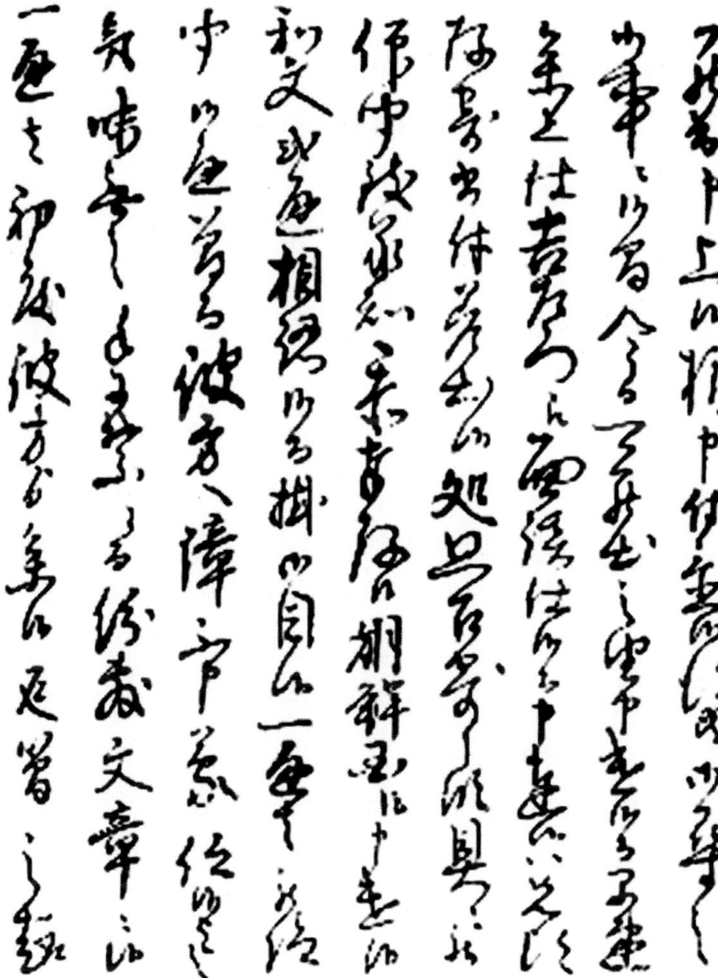

罷出申上候様ニ申付置候得共御尋之御事ニ候間今日可罷出之由申遣候而早速参上仕吉左衛門江面談仕候而申達候ハ先頃存寄書付差出候処思召寄之段具ニ被仰聞致承知忝奉存候朝鮮国江申遣候和文弐通相認候而掛御目候一通者被仰聞候通曽而彼方へ障不申蒙仰候与之気味無之手に葉ニ而粉敷文章ニ候一通者初度彼方より参候返簡之趣

御返答に罷り出て[豊後守様へ]申し上げる様にと、そのような申し付けがあった。しかし[先日からの]御尋ねの御事であるので[これは、こちらの遅延である。そこで]今日罷り出ると[手紙による返事を]申し遣わしておいて、早速[吉左衛門方へ]参上した。吉左衛門へ面談を仕って、そこで申し伝えた事は[以下のような事である。すなわち]先頃(十二月十五日)御承知の書付を差し出した処[豊後守様から]お考えの事を具にお聞き致し[その旨]承知を致しました。忝く思っております。[この度、そのお考えに沿い]朝鮮国へ申し遣す和文二通を[こちらで]相したためました。それゆえ、それを御目に掛けます。一通は仰せの通り、おおよそ、あちらへ障りの無いよう[したためたものでございます。] 御指摘を受けるような事の無い[漠然としたもので、言ってみれば]てにをはの[揃わぬ]粉わしい文章でございます。もう一通は初度の、あちらから参った返翰の趣旨を[承け]

답변하러 오셔서 [분고노카미사마에게] 말씀드리도록, 그러한 지시가 있었다. 그러나 [전부터] 질문하신 일이므로 [이는 이쪽의 태만이다. 그래서] 오늘 간다고 [편지로 답을] 전해 두고, 서둘러 [요시자에몬 쪽에] 참상했다. 요시자에몬을 면담하고 그곳에서 말씀드린 것은 [이하와 같은 일이다. 즉] 이전(12월 15일)에 이해했다는 서부를 제출하자 [분고노카미사마가] 생각하시는 바를 자세히 들려주셔서 [그 취지를] 이해했습니다. 감사히 생각하고 있습니다. [이번에 그 생각에 따라] 조선국에 보내는 화문 2통을 [이쪽에서] 기록했습니다. 때문에 그것을 보여 드립니다. 1통은 말씀하신 대로, 대개 저쪽에 무난하게 [기록한 것입니다.] 지적받을 것이 없는 [막연한 것으로, 말하자면] 문맥도 [맞지 않는] 혼란스러운 문장입니다. 다른 1통은 처음에 저쪽이 보내온 반한의 취지를 [토대로]

書札ニ而申出候ハゝ對馬守方ゟ茂其段申而来
候迄茂筈候 彼方之様子書面ニ而様子
ハ不知挨拶之文章ニ而 此方之筈ニ而聞へ可申
有之候 如申上候通 様子承付候上
ニ而義 上ゟ無之候而 可被仰付候と存候
埒明申事も可有之候 又ハ此以前追而
来ニ而候得共 此方ゟ無之 最後ニ様子
仕掛ニ申候 右埒明不申 いかゝと存候得共
申上候ニ而 仕掛申候ニ付 猶又相極可

書出し候而先頃対馬守方江差越申候再度之返簡之様ニ　彼方之存分書不申候様ニいたし掛候文章ニ候此内御了簡次第ニ可申遣候度々如申上候先頃存寄書付差上候茂　上之思召ニ候段能相達候者若埒明申事も可有之候歟又者日本与違弱国ニ候故此方之思召不変手強き様子ニ仕掛ニ候ハヽ自然埒明可申かとの存寄迄ニ候中々先頃之通仕掛候共決而相済可

書き出したもので、先頃、対馬守方へ差し出した再度の[あちらからの]返翰の様な、あちらの思うままを[承認し]書き入れたものではございません。むしろ、そのような内容は押し止め置いた文章でございます。この[二つの]内のいずれかを、御考え次第によって[あちらに]申し遣わそうと思っております。度々に申し上げた事ではございますが、先頃(十二月十五日)御承知となる書付けを差し上げましたが[御支配の領域について]上様の御意向もございましょう。よく[その御意向を汲み]あちらに申し達するようにすれば、もしや[この一件に関し]埒の明く事も有るかと存じます。あるいは又[朝鮮は]日本と違い弱国でございますので、こちらのお考えが変らぬまま、なお手強い様子で[申し入れを]仕掛けたならば、自然と埒の明くようになるかと存じます。だが中々先頃[申し上げたように、これまで]通りに[あちらに]仕掛けても、決して事が済むようには

기술한 것으로, 지난번 쓰시마노카미 측에 제출한 두 번째의 [저쪽에서 온] 서한과 같은, 저쪽이 생각하는 대로를 [승인해] 기입한 것이 아닙니다. 오히려 그러한 내용은 제한해 둔 문장입니다. 이 [두 개] 중 어느 한 쪽을 생각하시는 바에 따라 [저쪽에] 보낼 생각입니다. 매번 말씀드렸던 일이지만, 지난번(12월 15일)에 이해했다는 서부를 바쳤습니다만, [지배 영역에 대해] 윗분의 의향도 있겠지요. 잘 [그 의향을 반영해] 저쪽에 전달하도록 하면, 어쩌면 [이 일건에 관해] 해결될 수도 있는 일이라고 생각합니다. 어쩌면 또 [조선은] 일본과 달리 약국이기 때문에 이쪽 생각을 바꾸지 않은 채, 계속 강한 자세로 [요구]하면 자연히 해결되게 될 것이라고 생각합니다. 그러나 좀처럼 지난번에 [말씀드렸던 것처럼, 지금까지] 대로 [저쪽에] 요구해도, 결코 일이 해결되지는

申こし可當候ハヽ無詮候今般當家宗

し畢其上此出秘伝相伝可申事とも共に

候ハヽ先申其後ハ人可申早々拾得候

可尾ニ残候ハヽ遣しあしらい候此段承候

若又事出来いたし候ハヽいつ可當御等可

有之候ハヽ此方指内々にて御意得候て

書置紙面ニ候又中掛指とも一々承知

意可致候様に秘事仕掛申間敷事し

婚約合申処可尾然也能々可申談

申与之了簡ニ而者無御座候今度御差図之通申遣候共猶以相調可申事与者不存候先申遣候而見可申候畢竟者如何様之首尾ニ罷成候とも返し被下間敷思召候哉若又事大切ニ可罷成候ハヽ御了簡茂可有之候哉此両様之内より御内意承申候ハヽ書簡之紙面ニ茂又申掛様ニも其段底意にいたし候而諸事仕掛申候得者事之始終合申候而首尾能御座候故承度

なりません。今度[また新たに]御差図の通りに申し遣わしても、猶以て事が調うようにはならないと存じます。先に[強く]申し遣わしておいて[様子を]見てもよいと思いますが、結局どのような首尾に罷り成ろうと[こちらの望む返翰を、あちらが]お返し下さるような事は無いのではないか、そのようにも思えます。そこで、もし又[万が一]事が大切[な事態]に罷り成るような事となれば[それ相応の]御対策が[その折には]必要となる事でしょう。この両様の[申し入れの]内から、御内意を[御示し下さい。それを]承ったならば[あちらへ遣わす]書簡の紙面にも、また[あちらへの]申し掛け様にも、その事を底意にして、諸事の仕掛けを行うことができます。そうなれば、事の始終は合って参ります。すなわち首尾よろしく[交渉を]運ぶ事ができます。それゆえ[是非、御内意を]承り度く

않습니다. 이번에 [또 새로] 지시한 대로 전해도, 역시 일이 해결되지는 않을 것이라 생각합니다. 먼저 [강하게] 말해 두고 [상황을] 보는 것도 좋다고 생각합니다만, 결국 어떤 결과가 되든 [이쪽이 원하는 반한을, 저쪽이] 돌려주는 일은 없는 것 아닌가, 그렇게도 생각됩니다. 그래서 만약 또 [만일] 일이 중요한 [사태에] 빠지게 되면 [그에 맞는] 대책이 [그때] 필요해질 것입니다. 이 두 안의 [요구] 중에서 본심을 [알려 주십시오. 그것을] 들은 후 [저쪽에 보내는] 서간의 지면에도, 또 [저쪽에 보내는] 요구 방법에도, 그것을 토대로 해서 모든 일을 진행시킬 수 있습니다. 그렇게 되면 일의 시종이 합치될 것입니다. 즉 앞뒤가 맞게 [교섭을] 진행시킬 수 있습니다. 때문에 [반드시, 내심을] 듣고 싶다고

事候ニ付以上書之趣如申上候翻譯ハ文言
少違之文章能ク違ヒ此方ニ而承届
彼方之相違申事ニ候ニ付先規如申上候
翻譯之儀ハ信之而切之識人所附候人ニ而
若ハ候ハゝ文章不相濟候仕候而理も能
彼方之儀ハ申ニ古ク案之如文之通一字
迄も意味之合候得者写し候様ニ
少座候ニ付何とそ文章も能候ハゝ彼方之
能承候 座候ニ様ニ存候由

奉存候口上書ニ茂如申上候朝鮮ハ文国ニ候得者文章能候得者此方之存寄も能彼方江相達申候事ニ候間先頃如申上候輪番之僧之内功者成人臨時ニ壱人被差下候得かし文章等相談仕候ハヽ理も能彼方江徴し可申候真案者和文与違一字にても意味を含候而心之深キ様子ニ御座候故何とそ文章も能候而彼方江能承届候様ニ与存候故願申候

存じます。口上書でも申し上げた通りでございますが、朝鮮は文国でございますので[その書簡の]文章は巧みで優れております。それゆえこちらの考えも[あちらへ遣わす書簡の文章によって]よく[また理解され]あちらへ達します。先頃、輪番の僧の内[文章の]巧みな人を、臨時に壱人差し下していただきたいと[御依頼を]申し上げました。それは[あちらへ遣わす]文章などを相談し[文も]理も宜しいようにして、あちらに示したいと、そのように思っているからでございます。真文(漢文)の案文は和文と違い、一字でも[多様な]意味を含んでおり、心の深いものでございます。それゆえ何とぞ文章も宜しくて、あちらへも宜しく理解が行くように、そのような書簡を遣わしたいものと思っております。それゆえ[輪番僧の派遣を、是非]お願い申し上げます。

생각합니다. 구상서에서도 말씀드린 대로, 조선은 문국이기 때문에 [그 서간의] 문장이 정교하고 뛰어납니다. 그렇기 때문에 이쪽의 생각도 [저쪽에 보내는 서간의 문장에 따라] 좋게 [이해되어] 저쪽에 전달됩니다. 지난번 윤번승 중에 [문장이] 정교한 사람을 임시로, 한 사람 보내주셨으면 하고 [의뢰를] 말씀드렸습니다. 그것은 [저쪽에 보내는]

문장 등을 의논하여 [문장도] 이치에 맞게 해서, 저쪽에 보이고 싶다고 생각했기 때문입니다. 한문의 문안은 일본문과 달라, 한 글자라도 [다양한] 의미를 나타내 깊이가 있습니다. 때문에 어떻게든 문장도 좋고 저쪽도 잘 이해할 수 있도록, 그러한 서간을 보내고 싶다고 생각하고 있습니다. 그래서 [윤번승의 파견을 반드시] 부탁합니다.

一 朝鮮国之儀ハ常ニ華下ニ而様子繁昌を
いたし候所中比ゟ悪敷候ニ付候ゟ去年以来
年寄共ゟ日本之通用 付候得ハ小京ゟ之
以候ニ而付候処ハ近年にてハ相手ゟ日本と
交切付候事ハ此方ゟ彼方ニ気を付
申候得ハ双方ゟ商売付候而利を
得候事ニ而候得ハ今後ハ日本ゟ願り

一 朝鮮国之儀北京之幕下ニ候得共髮をそり不申中国之風ニ仕候而罷在候段畢竟者日本与通用仕候故北京より存候侭ニ不仕候ものと察存候然者日本与手切仕候事者此方より彼方ニ気遣可申与存候殊双方より商売仕候而互ニ利を得申事ニハ候得共金銀も日本より渡り

[直右衛門が吉左衛門へ申し伝えた口上の趣旨]

一 朝鮮国の事は、北京の幕下にはありますが、髪を剃ることもなく[文化的には別国でございます。] 中国の風習も受けてはおりますが、その事は畢竟、日本も同様で、互いに[昔からの]通用によるものでございます。それゆえ北京からの指示のまま[朝鮮は]動くわけではありません。[独自の考えで国を動かしているのです。] その事を察していなければなりません。そのような事でありますから[日本との友好関係を崩し]日本と手切りをするようになる事は、こちらからあちらへ[そうならぬよう]気遣いをするべき事と思います。[わざわざ敵対関係となり、北京の側にあちらを、さらに追いやる必要は無い事であります。朝鮮は独自の考えで、独自の通商を行って繁栄している国であります。そもそも日本と朝鮮とは]殊に双方から商売を行い、互いに利を得る所がございます。その折の金銀も日本から渡り

[나오에몬이 요시자에몬에게 전한 구상의 취지]

1. 조선국은 북경의 막하이기는 합니다만, 머리를 밀지도 않고 [문화적으로는 다른 나라입니다.] 중국 풍습의 영향도 받고는 있습니다만, 그 일은 필경 일본도 마찬가지로, 서로 [예부터의] 통교

에 의한 것입니다. 그렇기 때문에 북경의 지시대로 [조선이] 움직이는 것은 아닙니다. [독자적인 생각으로 나라를 운용하고 있습니다.] 그 일을 파악하고 있지 않으면 안 됩니다. 그 같은 일이기 때문에 [일본과의 우호관계를 무너뜨리고] 일본과 단교하는 일은, 이쪽이 저쪽에 [그렇게 되지 않도록] 신경 써야 하는 일입니다. [일부러 적대관계가 되어, 북경 측에 조선을 밀어낼 필요는 없습니다. 조선은 독자적인 판단으로, 독자적인 통상을 행해 번영하고 있는 나라입니다. 원래 일본과 조선은] 특히 서로 상매를 행하여, 상호 이익을 얻는 바가 있습니다. 그때 금은도 일본에서 건너가고

如斯ニ御座候事ニ候故去切仕候ハヽ
彼方之儀ハとかく難儀之仕方ニ存候故
是ゟ大切之段申猶其文言有之写差越候
書付ニ以我等存寄申上候様子のことく
以書面相極候而難申上候様ニ存候ニ
を以上可申候

北京江茂遣事ニ候故旁手切仕候段ハ彼方ニ茂以之外難儀可仕事与存候故差而大切ニ及申程之事者有之間敷かと奉存候乍然兼而如申上候推量のミニ而御座候故相極候而者難申上候此旨御序ニ被仰上可被下候

[さらに朝鮮からは商品が渡って参ります。その朝鮮も、この日本からの金銀によって、さらにまた]北京へも[交易使節を]遣わす事でございます。それゆえ、あれこれと手切れをするような事は、あちらにとっても[国の経済的基盤が揺らぎます。政策的にも]もっての外の事で[もし日本との通商が途絶えれば]難儀に思う所でございましょう。それゆえ[今回こちらから、敢えて強く申し入れをしても]差して大切な事態に及ぶ程の事は無いと思います。しかしながら、兼ねて申し上げたような推量のみに[よる判断で]ございますので、そのように決めてしまっては[早計で、強腰の交渉で事が成るとは]申し上げ難い所がございます。[どうしても強硬に申し入れたい時は]この趣旨を[何かの]御序でに[何かに絡めて]お話し下さるべきものでございます。

[또 조선에서는 상품이 건너옵니다. 조선도 일본의 금은으로, 또다시] 북경에 [교역사절을] 보내게 됩니다. 그래서 여러모로 절교하는 일은 저쪽으로서도 [나라의 경제적 기반이 흔들립니다. 정책적으로도] 생각할 수 없는 일로 [만일 일본과의 통상이 단절되면] 곤란하다고 생각할 것입니다. 그래서 [이번에 이쪽에서 일부러 강하게 요구해도] 그다지 큰 사태에 이르는 일은 없을 것이라고 생각합니다. 그러나 전에 말씀드린 것과 같은 추측에만 [의거한 판단]이기 때문에 그렇게 결정해 버리면 [성급한 일로, 강경한 교섭으로 일이 성사될 것이라고는]

말씀드리기 어려운 면이 있습니다. [아무래도 강경하게 요구하고 싶을 때는] 이 취지를 [어떤] 사유로 [무언가와 연계시켜] 말씀해주셔야 하는 것입니다.

一　如何様之儀申出候而も相願申出候共其上ニも
金銀之儀者難及事ニ候、御願ニ付而者
兎角差支之無之様ニ心懸ケ候而御届ケ申入候
宜敷相心得申上候而も御下知ニ者待而仕候
承り不仕無念ニ相成御座候段如何

一 如御差図申遣候而相済申候得者其上も無御座候得共若事済不申不埒ニ御座候而ハ畢竟者手詰ニ罷成候御差図之趣者最初ニ申遣候趣之様ニ被存候此分ニ而承引|不仕兎角被差返間敷与思召候

一 御差図の如く申し遣わして[その通りに]相済めば、この上も無い事でございます。しかし、もし事が済まず、不埒に成るような事があれば、結局は手詰まりに成ってしまいます。御差図の御趣旨は[両通りの文案の内]最初に[記して置いた文案で、あちらへ]申し遣わす御趣旨の様に思われます。この分で[あちらに申し遣わし]承引とならなければ[差し返されて参ります。] 兎も角、差し返されてはならないと[もしも]お考えに

1. 지시하신 대로 전해 [그대로] 해결된다면, 그 이상 바랄 것이 없는 일입니다. 그러나 만일 일이 해결되지 않고 문제되는 일이 생기면, 결국은 어찌할 도리가 없게 됩니다. 지시의 취지는 [두 가지 문안 중] 처음에 [기록해 두었던 문안으로, 저쪽에] 전하라는 취지처럼 생각됩니다. 이 문안으로 [저쪽에 전해] 승인되지 않으면 [되돌아옵니다.] 어쨌든 반한되어서는 안 된다고 [만약] 생각

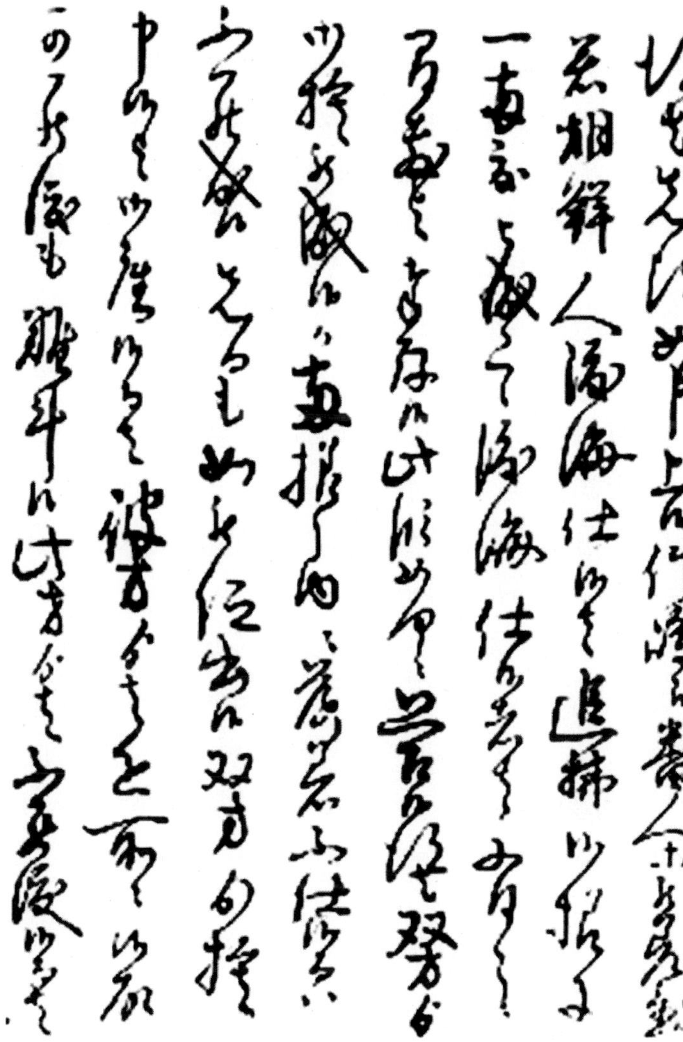

得者先頃如申上候竹嶋江番人等被差置若朝鮮人渡海仕候者追払候様に一両度被成候ハヽ渡海仕候者者有之間敷与奉存候此段如何ニ思召候得共双方より御捨被成候か両様之内ニ落着不仕候而ハ不罷成候先日も如被仰出候双方より捨申候与御座候而者彼方より者近所ニ候故可罷渡も難斗候此方より者不罷渡候而者

なるのであれば、先頃、申し上げた如く、竹嶋へ番人等を差し置く[のがよいと思います。] 朝鮮人が[島に]渡海して来る場合には[この者たちを]追い払う様に、一両度なされば、もう渡海するような者はいなくなると思います。この竹嶋については、どのようにお考えになられようとも[この武力行使を実行に移すか、或いは]双方から[島を]御捨てに成られるのか、この両様の内から[今後の対応を]お決めにならなくては成りません。先日もお話し下さった如く、双方から御捨てに成るとなれば、あちらからは近所に在る事であり、渡り行く事も[容易な事でありますから、今後永続してあちらが渡海を禁止できるかどうか]計り難いところです。こちらからは[遠方なので、以後は]罷り渡らぬようになる事でしょう。

하신다면, 지난번에 말씀드린 것처럼, 죽도에 번인 등을 배치하는 [것이 좋다고 생각합니다.] 조선인이 [섬에] 도해해 올 경우에는 [이 자들을] 한두 번 추방하도록 하면, 다시 도해하려는 자는 없어질 것이라고 생각합니다. 이 죽도에 대해서는, 어떻게 생각하셔도 [이 무력행사를 실행으로 옮기거나 또는] 쌍방에서 [섬을] 버리거나, 이 두 가지 중에서 [금후의 대응을] 정하지 않으면 안 됩니다. 지난번에도 말씀해

주신 것처럼 쌍방이 버리게 되면, 저쪽에서는 가까운 곳에 있기 때문에 건너가는 것도 [용이한 일로, 이후 계속 도해를 금할 수 있을지는] 예견하기 어렵습니다. 이쪽에서는 [원방의 섬으로, 이후] 도해하지 않게 될 것입니다.

申達し之儀ニ付前々之様子承候處寛文年中入組ニ
無御座候由ニ而口上書和文二通和館ニ
不差出ニ付人数之儀差付右諸役人ニ而申談候
人数出シ候然ハ其ゝ之趣ニ而同様ニ而参及
候由ニ候ハゝ御申付候而色々被見候様相違之
口上之中ニ而申達候ニ口上書之様ニ而被仰候
之儀ニ而付此度之儀難斗ニ而有之

御返し被成候同前之様ニ被存候由申入候処ニ委承候由ニ而御口上書和文二通和館ニ罷在候人数之書付被請取候而在館之人数書も能候由ニ而被掛御目候処被仰出候ハ御書付之通披見仕候扨直右衛門口上ニ而申候趣則口上書ニ被成候而御出シ被成候間此通ニ候ハヽ唯今書候而差上

[結局、島を]御返しに成られると同前の事になってしまいます。そのような事を[吉左衛門に]申し入れた処、委しく承ったと[御了解をいただき]御口上書、和文二通、和館に罷り在る人数の書付など[の書付]を受け取っていただいた。在館の人数の書付けなど、よく[記されている]との由でありました。[早速、豊後守様へ、その書付を]御目に掛けていただいた所[そこで豊後守様が]お話し下さったのは、御書付けの一通りを拝見致した。扨て直右衛門の口上にて申した趣旨を、直ぐ口上書にしたため提出するようにとの[豊後守様の御意向で]あった。この通りの事を[吉左衛門が私に伝え]唯今、書いて差し上げる

[결국 섬을] 돌려주게 된다는 전과 같은 일이 되고 맙니다. 그러한 일을 [요시자에몬에게] 말씀드리자, 자세히 들었다고 [양해해 주셔] 구상서, 화문 2통, 왜관에 있는 인원수의 서부 등[의 서부]를 수취하셨다. 재관의 인원수를 기록한 서부 등, 잘 [기록되어 있다]는 것이었습니다. [서둘러 분고노카미사마에게 그 서부를] 보여 드리자, [그곳에서 분고노카미사마가] 말씀해주신 것은 서부를 한 번 쭉 보았다. 이제 나오에몬이 구상으로 말한 취지를 바로 구상서로 기록해 제출하라는 [분고노카미사마의 의향이]었다. 이 같은 일을 [요시자에몬이 나에게 전해] 지금 기록해 올리(라는)

御様子をも承度之旨御意ニ付料紙硯
出候処、書付つき申越候ハヽ此所ニ而書付
申候様ニ御意ニ付、存候処、以上之所迄書付
申上候、申付候、以上書付候而も急度
ケ間敷儀ハ無之ニ付、御請申上候様ニ[illegible]
度ニ付為相認可申由申聞候事ニ[illegible]
之[illegible]小書紙持参して出[illegible]

候様ニ与之御事ニ而御案書料紙硯出候故吉左衛門迄申達候ハ此段者書付申候儀如何敷存候故口上ニ而貴様迄申上候様ニ申付候口上書ニ仕候而者急度ケ間敷候而如何奉存候得共御差図之事ニ候間相認可申由申達候而御案書之通小奉書紙横折ニして書付差上之

ようにとの御指示で[目の前に]御案書、料紙、硯を出して来た。それゆえ吉左衛門迄申し伝えた事は、この事は[すでに刑部大輔からの]書付にて申し上げた事でございます。[私が再び申し上げる事も]如何かと[思いましたが、委細が伝わるかどうか覚束なく]思ったので[私が思っている事を、今一度]口上で貴方様まで申し上げたのでございます。その様な事を[ここで改めて]口上書にしたため[提出するようにと]申し付けられた事は、いかにも堅苦しく、厳重な事のようで、さてと、ためらわれる処でございます。しかし[豊後守様の]御差図の事でございますので[文書に]したためて申し上げます。このように申し伝え、御案書の通りに、小奉書紙を横折にして[口上の趣旨を]書付け、差し上げました[註11]。

(올리)라는 지시로 [눈앞에] 방안서, 용지, 벼루를 꺼내왔다. 그래서 요시자에몬에게 말한 것은, 이 일은 [이미 교우부 타이후의] 서부에서 말씀드린 일입니다. [내가 재차 말씀드리는 일도] 어떨까 [생각했습니다만, 자세히 전해졌는지 불안하게] 생각되어 [내가 생각하고 있는 바를 다시 한 번] 구상으로 귀하에게 말씀드린 것입니다. 그 같은 일을 [여기서 다시] 구상서로 기록하여 [제출하라고] 지시받은 일은 참으로 답답하고 엄중한 일로, 새삼 주저하게 되는 것입니다. 그러나 [분

고노카미사마의] 지시이기 때문에 [문서로] 기록해 말씀드립니다. 이렇게 전하고, 방침서대로 소봉서지를 옆으로 접어 [구상의 취지를] 기록해 올렸습니다.

一 御備出候ハ先年も小泉御乱中ニ御座
御法之節ハ唯今ニ而も静謐ニ無之御法
度之儀ハ猶以可相乱候得共小泉より
相解候而揃遣申付候処従公儀
被仰付候ニ付去年之冬ニ被成御成中上候ハ
清書ニ而御座無之候而胡乱有之候ニ付胡乱

一 被仰出候ハ先年者北京筋乱申候由沙汰有之候唯今者静謐之由ニ而沙汰無之候治り候而も乱候而も北京より朝鮮江之挨拶者違申たる風説等ハ無之候哉之由御尋被成候故申上候ハ御意之通以前者兵乱有之由ニ而朝鮮

一 [刑部大輔が口上書において]申し上げた事[を、ここで補足しておきます。]先年、北京筋では乱(三藩の乱、一六七三～一六八一)があり[それに対する]沙汰が有ったようでございます。唯今は静謐のようで、沙汰も無い状態です。平和でも乱となっていても、北京から朝鮮への挨拶(外交上の対応)に違いは無く[変化のあるような]風説等は有りません。御尋ねがありましたので[こうして]申し上げておきます。御考えの通り、以前は兵乱が有る事が、朝鮮

1. [교우부 타이후가 구상서에서] 말씀드린 일[을 여기에 보충해 둡니다.] 작년에 북경의 소식통으로는 쟁란[삼번의 란, 1637～1681]이 있어 [그에 대한] 문제가 있었던 것 같습니다. 지금은 조용한 것 같아, 문제가 없는 상태입니다. 평화이든 난이 일어났든 북경에서 조선에 대한 인사(외교상의 대응)에는 문제가 없어 [변화가 있을 것 같다는] 소문 등은 없습니다. 질문하셨기 때문에 [이렇게] 말씀드려 둡니다. 생각하시는 대로 이전에는 병란이 일어나면, 조선

夫とも風俗ニ御座候ハ、改て[illegible]
[illegible]し[illegible]所ハ朝鮮へ申遣し挨拶之[illegible]
御座候[illegible]も[illegible]も[illegible]
御[illegible]之[illegible]
御座候付[illegible]
一[illegible]御座候也

にても風説等有之候故其段申上候近年ハ静謐之由承候朝鮮国江之挨拶者兵乱有之節も　唯今も少も変たる様子之沙汰者曾而承不申候由申上ル御返答ニ者御書付被遣請取置申候疾与披見仕候而可申進与之御事也

にて風説等が有る事によって[こちらは知る事ができました]その事を[公儀へその都度、御報告]申し上げておりました。近年は[その風説からすれば]静謐であると承っております。朝鮮国への[北京からの]挨拶は、兵乱が有る折も、唯今の折も、少しも変った事はなく[あちらにも、変化のあるような]様子の沙汰は全く承ってはいないと[そのようにあちらからの風説は伝えています。その事の]御報告を申し上げます。[今回、刑部大輔から]御返答を差し上げるに際し[催促の]御書付を遣わされました。[その御書簡を確かに]請け取りました。しっかりと拝見いたし[早速、御報告のため直ちに]参上し申し述べるようにとの[刑部大輔からの]言葉がございました。

에서도 풍설 등이 있어 [이쪽은 알 수 있었습니다.] 그 일을 [장군에게 그때마다 보고해] 말씀드렸습니다. 근년에는 [그 풍설에 의하면] 평온하다고 듣고 있습니다. 조선국에 대한 [북경의] 대응은 병란이 있을 때도 바로 지금도 조금도 변화가 없고, [저쪽에도 변화가 있는 듯한] 상황은 전혀 듣지 못했다고 [그렇게 저쪽의 풍설은 전하고 있습니다. 그 일의] 보고를 올립니다. [이번에 교우부 타이후가] 반답을 올릴 때 [재촉의] 서부를 보내셨습니다. [그 서간을 분명] 청취했습니다. 틀림없이 배견하고 [서둘러, 보고하기 위해 바로] 참상하여 설명하도록 하라는 [교우부 타이후의] 말씀이 있었습니다.

口上之覚

一 先頃私儀ヲ以 疑申上候ハ、此節古書ヲ以
信使員数減省之事 致承候 相辞
両人申候ニ付 書契ヲ以 和文二通 相認掛候
同人申覚候義 訳官 東萊府江 差出候
無之 同人存寄候 書付を以 使臣ニ 任せ 相済
可申 候之 旨堂ニ 存候得共 両様之事も

口上之覚

一 先頃私存寄之趣申上候処御内意被仰聞具致承知忝奉存候依之朝鮮国江申渡候書簡之和文二通相認掛御目候御覧被成弥御差図奉願候先頃懸御目候存寄之書付之通ニ仕候共相済可申儀者不定ニ存候得共差当存寄も

[十二月二十日、宗義真から阿部豊後守への]口上之覚

一 先頃、私の考えの趣旨を申し上げました処、御内意をお聞かせいただき、具に承知を致しました。忝けなく存じます。これに依り朝鮮国への申し渡しの書簡、それを和文二通に相したためましたので、御目に掛けます。御覧に成られ、いよいよ御差図をお願い致します。先頃、御目に掛けた御承知の書付の通りに[沿い、これを]したためました。だが落着に到る部分は定めず、その[結論となるものは記さず、その]ままにしております。差し当たり[こちらで、このようにしたいと]承知している事も

[12월 20일 소우 요시자네가 아베 분고노카미에게 보낸] 구상지각

1. 지난번에 제가 생각하는 취지를 말씀드리자, 내의를 말씀해주셔 상세히 납득했습니다. 황송하게 생각합니다. 그것을 토대로 조선국에 전할 서간, 그것을 화문 2통으로 기록했으므로 보여 드립니다. 보시고 또 지시해 주시기를 부탁합니다. 지난번에 보시고 납득하신 서부대로 [토대로 해서, 이것을] 기록했습니다. 그러나 마지막 부분은 정하지 않고, 그 [결론이 되는 부분은 기록하지 않고, 그]대로 놓아두었습니다. 현재 [이쪽에서 이렇게 하고 싶다고] 생각하는 일도

無御座候然者去年より今度掛目候
和文之趣申達候處相聞了依難斗
存候得共以書状得貴意申上度存候
申上候此段も大形相殺之趣勘定ニ而遣候
織田殿ニ延着之仕様ニ存候為念
御座候所致覚悟候上ニ而被下候様挨拶
可仕候此段御意を得度可被下候以上

無御座候故書付差上申候今度掛御目候和文之通申遣候共相済可申儀難斗存候得共御差図次第申遣様子重而可申上候此度も大形朝鮮江差置候返翰之紙面之趣ニ返答可仕歟与存候右之通ニ御座候共取次差上可申候哉如何挨拶可仕候哉此段御内意被仰聞可被下候

有りませんので[その中途の]書付を[そのまま]差し上げます。[こうして]この度、御目に掛ける和文の通りを[あちらに]申し遣わ[そうと考えておりますが、その通りに]して見ても[果たして]決着に到るかどうか、なお計り難く思う処でございます。[ともあれ]御差図の通りに[あちらに]その次第を申し遣わし、様子を[窺い、その結果を]重ねて申し上げようと思っております。[このように申し遣わしても、やはり]この度も大方のところ、朝鮮へ差し置いている返翰の紙面の趣旨[通りを、また再び、あちらは]返答する事であろうと思います。右の通り[の様子で、なお落着には到り難いところ]で御座いますが、まずは取次ぎ[の文書を]差し上げ、御報告を申し上げます。如何なる[御方針で今後あちらに]挨拶を行えばよいのか、この事についての御内意を[こちらに]お聞かせ下さい。

없어 [그 중도의] 서부를 [그대로] 올립니다. [이렇게 해서] 이번에 보여 드리는 화문대로 [저쪽에] 전해 보내[려고 생각하고 있습니다만, 그대로] 해도 [과연] 결론이 날 것인지, 여전히 예측하기 어렵습니다. [어찌되었든] 지시하신 대로 [저쪽에] 그대로 전해, 상황을 [보고 그 결과를] 다시 말씀드릴 생각입니다. [이렇게 말해도, 역시] 이번에도 대체적으로 조선에 놓아둔 반한 지면의 취지[대로, 또다시 저쪽은] 답변할 것으로 생각됩니다. 위와 같[은 상황으로, 아직 해결에 이르기 어려운 상황]입니다만, 일단 중계하[는 문서를] 올려 보고드립니다. 어떤 [방침으로 금후 저쪽과] 교섭해 나가면 좋을지, 이 일에 대한 내심을 [이쪽에] 말씀해 주십시오.

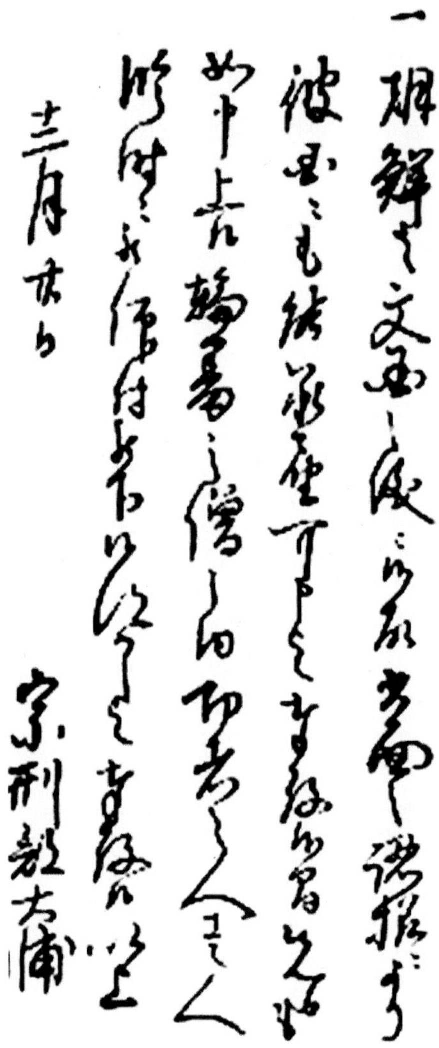
十二月
宗刑部大輔

一　朝鮮者文国之儀ニ候故書面之認様ニより彼国ニも能承届可申与奉存候間先日も如申上候輪番之僧之内功者之人壱人臨時ニ被仰付被下候得かし与奉存候以上

十二月廿日　　　　　　　宗刑部大輔

一　朝鮮は文国の事でございますので、書面のしたため様によって、彼の国にも[書簡の内容が]能く伝わることと存じます。先日も申し上げたように、輪番の僧の内[文書]功者の人を壱人、臨時に仰せ付けいただき[対馬へ]差し下されるよう、お願いを致します。以上でございます。

十二月二十日　　　　　　　宗刑部大輔

1. 조선은 문국이기 때문에 서간을 기록하는 형식에 따라, 그 나라에도 [서간 내용이] 잘 전해질 것이라고 생각합니다. 전에도 말씀드렸듯이 윤번승 중 [문서에] 능한 자를 하나, 임시로 명하시어 [쓰시마에] 보내주실 것을 부탁합니다. 이상입니다.

12월 20일　　　　　　　소우 교우부 타이후

和文二通左ニ記之

[宗義真から阿部豊後守へ提出した]和文二通を左に記す。

[소우 요시자네가 아베 분고노카미에게 제출한] 화문 두 통을 아래에 기록한다.

本邦竹嶋江出漁之漁民罷渡候様

仕候哉、重而不致渡海様被仰付候段

被仰候、又ゝ不致渡海候付而申入置候

日氏對馬守方へ申達候処、起承不

致渡海様被仰候、然者御待被成候様

之御用以御使者被申入候得共御出仕候

而以書中申達候處早々可被申入候日氏

本邦竹嶋江貴国之漁民罷渡漁採仕候故重而不罷渡候様ニ申聞差還候得共又々罷渡候付其内両人留置其趣同氏対馬守方より申達送還候処再不罷渡候様ニ堅被仰付右之者共罪科ニ被行候由誠以感入候乍然難心得儀有之再以書中申達候御返答不承候内同氏

[和文の第一通]

本邦の竹嶋へ貴国の漁民が罷り渡り、漁採を行っていたので、重ねて罷り渡らぬ様に申し伝え、差し還したのであるが、又々[漁民どもが]罷り渡って来た。そこで、その内の二人を留め置き、その[制禁の]趣旨を同氏の宗対馬守方から[貴国へ]申し伝え[二人を]送り還した。[貴国は漁民たちに]再び罷り渡らぬよう、堅く[その旨を]御命じになられ、右の者どもに罪科を申し付けた由、誠に以て感に入った次第である。然し乍ら[ここに]心得難い事が有り、再び書中を以て申し伝えた事があった。それに対し、御返答を承らぬまま、その内に同氏

[화문의 제1통]

본방의 죽도에 귀국의 어민이 건너와, 어채를 행하고 있어 다시는 건너오지 않도록 이야기해 돌려보냈는데, 다시 [어민들이] 건너왔다. 그래서 그중 두 사람을 잡아두고, 그 [금제의] 취지를 동씨 소우 쓰시마노카미 측에서 [귀국에게] 전하고 [두 사람을] 송환했다. [귀국은 어민들에게] 다시는 건너가지 않도록 엄하게 [그 뜻을] 명하시고, 위 사람들에게 죄과를 명했다고 하니, 참으로 감동스럽다. 그러나 [여기에] 이해하기 어려운 일이 있어 다시 서중을 보내 물은 일이 있었다. 그에 대한 반답을 받지 못한 채, 그 사이 동씨

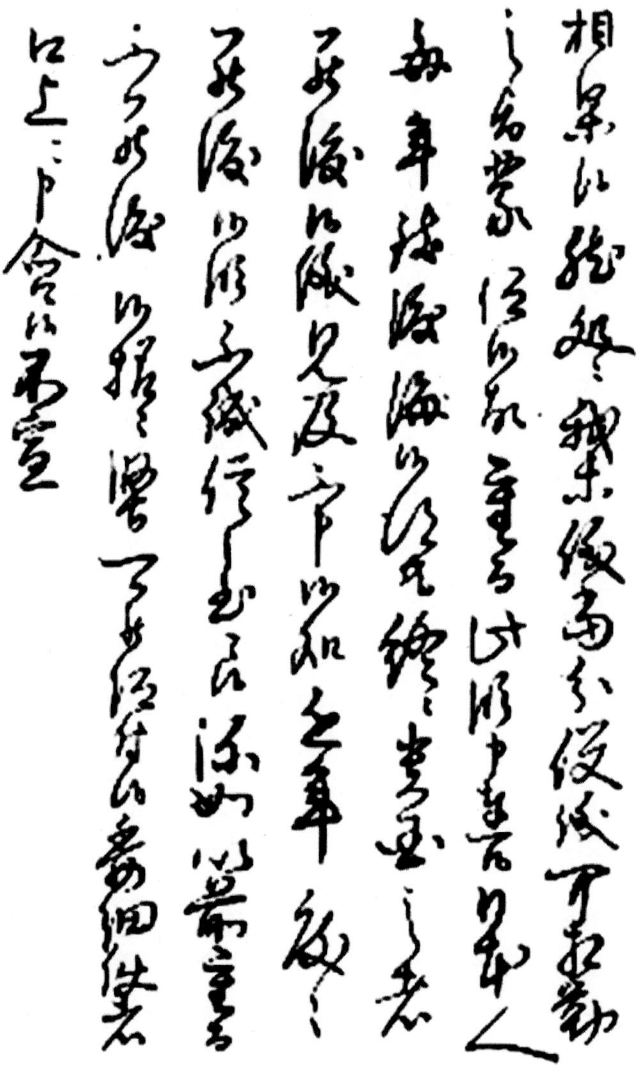
相果候ニ付、猶又我等儀[illegible]候段可相勤
之旨被[illegible]候、此節中[illegible]申候人
無事被成御座候[illegible]之[illegible]
不被成候ニ付見及申[illegible]候而年[illegible]候
不被成候[illegible]候[illegible]
[illegible]候[illegible]申候[illegible]
口上ニ申含候以上

相果候然処ニ我等儀当分役儀可相勤之旨蒙仰候故重而此段申達候日本人毎年致渡海候得共終ニ貴国之者罷渡候儀見及不申候処近年度々罷渡候段不誠信之至ニ候弥如以前重而不罷渡候様ニ堅可被仰付候委細使者口上ニ申含候不宣

[対馬守]が相果てるという出来事があった。そのような処に我等の事であるが、当分の間[朝鮮向けの]役儀を相勤めるよう、その旨を[公儀から、この刑部大輔が]仰せを蒙った。それゆえ重ねて、この[渡海制禁の]事を[貴国へ]申し伝えるのである。[これまで]日本人が毎年[島に]渡海を致していたが[その間]終に貴国の者が渡って来るような事を見る事はなかった。そのような処に、近年、度々[貴国の漁民が島に]渡って来るようになった。この事は不誠信の至りである。いよいよ以前のように、再び渡る事の無いよう[漁民どもに、その旨]堅く御命じになられたい。委細は使者の口上に申し含めておく。不宣。

[쓰시마노카미]가 사망하는 사건이 있었다. 그러한 상황에 처한 우리들이지만, 당분간 [조선에 관한] 역할을 맡도록, 그러한 지시를 [장군으로부터 이 교우부 타이후가] 명받았다. 그래서 다시 이 [도해제금의] 일을 [귀국에] 전하는 것이다. [지금까지] 일본인이 매년 [섬에] 도해하였으나 [그동안] 한 번도 귀국 사람이 건너오는 일을 보지 못했다. 그런데 근년에 자주 [귀국의 어민이 섬에] 건너오게 되었다. 이 일은 불성신의 극치이다. 앞으로는 이전처럼 다시 건너오는 일이 없도록 [어민들에게 그 뜻을] 엄중히 명하였으면 한다. 자세한 것은 사자의 구상으로 전해둔다. 부선(하고 싶은 말을 다하지 못했다는 뜻으로 편지 말미에 쓰는 인사말).

御郡竹嶋之[illegible]漁民[illegible]漁採
往々[illegible]甚[illegible]国民對馬守書[illegible]申達
送還未以延著ニ承[illegible]国民相来[illegible]
[illegible]處ニ報来[illegible]彼[illegible]可相勤之[illegible]

本邦竹嶋江貴国之漁民罷渡漁採仕候故其趣同氏対馬守方より委申達送還未御返答不承候内同氏相果候然処ニ我等儀当分役儀可相勤之旨

[和文の第二通]

本邦の竹嶋へ貴国の漁民が渡り来て、漁採を行うので、その[朝鮮人漁民の渡海制禁の]趣旨を同氏の宗対馬守方から委しく[貴国へ]申し伝え[捕らえた漁民二人を、そちらへ]送り還した。未だ[その折の]御返答を承らぬ内に、同氏[対馬守]が相果てる事になった。そのような処に我等の事であるが、当分の間[朝鮮向けの]役儀を相勤めるよう、その旨を[公儀から、

[화문의 제2통]

본방의 죽도에 귀국의 어민이 건너와 어채를 행해, 그 [조선인 어민의 도해금제의] 취지를 동씨 소우 쓰시마노카미 측이 자세히 [귀국에] 전하며 [포획한 어민 둘을 그쪽에] 송환했다. 아직도 [그때의] 반답을 받지 않은 사이, 동씨 [쓰시마노카미]가 생을 마치게 되었다. 그러한 상황에 처한 우리들이지만 당분간 [조선에 대한] 역할을 맡도록 하라는, 그러한 취지를 [장군으로부터

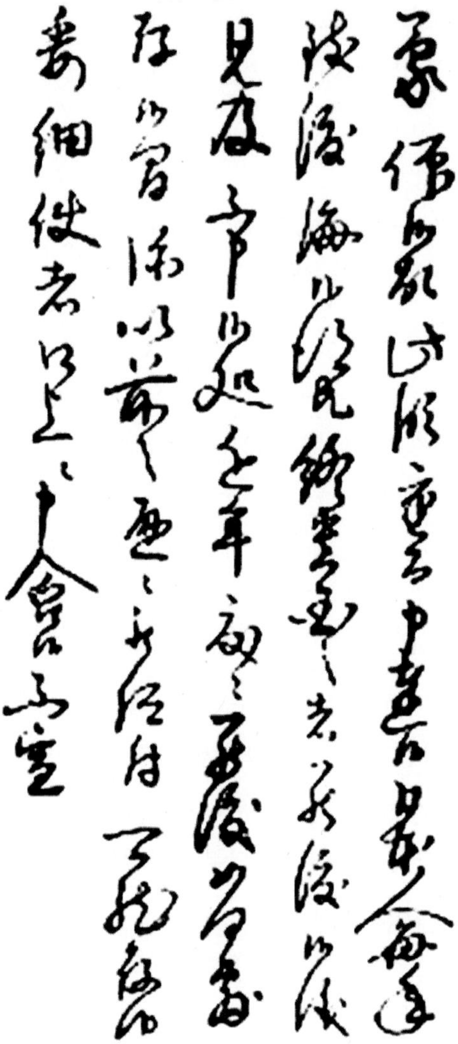

蒙仰候故此段重而申達候日本人毎年致渡海候得共終貴国之者罷渡候儀見及不申候処近年度々罷渡如何敷存候間弥以前之通ニ被仰付可然存候委細使者口上ニ申含候不宣

この刑部大輔が]仰せを蒙った。それゆえ重ねて、この[渡海制禁の]事を[貴国へ]申し伝えるのである。[これまで]日本人が毎年[島に]渡海を致していたが[この間]終に貴国の者が渡って来るような事を見る事はなかった。そのような処に、近年、度々[貴国の漁民が]渡って来るようになった。[この事は、こちらにとって]不審に思うところであり[大いに不満である。] いよいよ以前のように[竹嶋へ渡海を致さぬよう、貴国の漁民どもに]御命じになっていただきたい。委細は使者の口上に申し含めておく。不宣。

이 교우부 타이후가] 명받았다. 그래서 다시 이 [도해제금의] 일을 [귀국에] 요구하는 것이다. [지금까지] 일본인이 매년 [섬에] 도해하고 있지만 [그동안] 한 번도 귀국 사람이 건너오는 것을 본 적이 없다. 그런데 근년에 자주 [귀국 어민이] 건너오게 되었다. [이 일은 이쪽으로서는] 의아하게 생각하는 바로 [매우 불만스럽다.] 다시 이전처럼 [죽도에 도해하지 않도록, 귀국 어민들에게] 명해주었으면 한다. 자세한 것은 사자의 구상에 포함해 두었다. 부선.

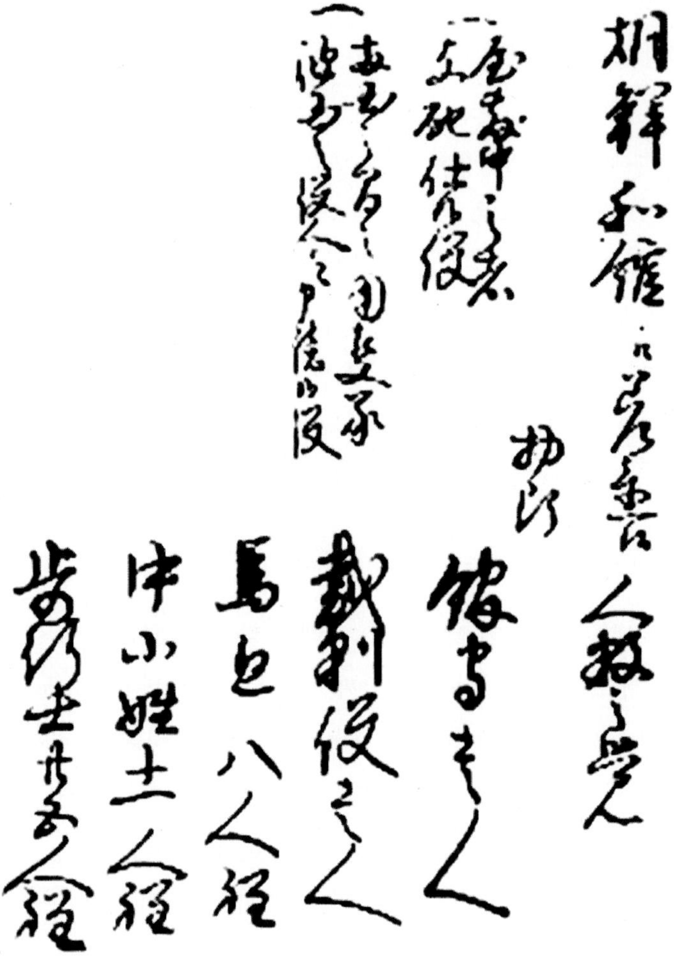

朝鮮和館ニ居候者人数之覚

館守壱人

裁判役壱人

馬廻八人程

中小姓十人程

歩行廿五人程

朝鮮和館江差置候人数之覚

屋敷中之者　支配仕候役	物頭 館守壱人
両国之間之用事承　彼国之役人与申談候役	裁判役壱人
	馬廻八人程
	中小姓十一人程
	歩行士廿五人

朝鮮に在る和館へ差し置いた人数の覚え

屋敷の中の者を支配する役で、物頭たる館守が壱人

両国の間の用事を承り、彼の国の役人と申し談る役の裁判役が壱人

馬廻(上士)が八人程

中小姓(中士)が十一人程

歩行士(下士)が二十五人

조선에 있는 왜관에 주재하는 인원수 기록

저택 안의 사람을 지배하는 역으로, 모노카시라인 관수가 1인

양국 간의 용건을 듣고, 그 나라 역인과 대담하는 역의 재판역이 1인

우마마와리(상사)가 8인 정도

츄우고쇼우(중사)가 11인 정도

호코우시(하사)가 25인 정도

随附ゝ従衆
對御ゝ重家

醫師二人
書役僧二人
通詞十人
役目并代四人
足輕三十人
小人二十人

医師二人

臨済之禅宗　対州之出家　書役僧二人

通詞十人

役目手代四人

足軽三十人

小人二十人

医師が二人

臨済の禅宗[の僧]で、対州の出家である書役僧が二人

通詞が十人

役目手代が四人

足軽が三十人

小人が二十人

의사가 2인

임제종[의 승]으로 타이슈우 출가인 서역승이 2인

통사가 10인

야쿠메테다이가 4인

아시가루가 30인

코비토가 20인

細工人五人
大工四人
水夫百五十人程
町人廿人程
對州之商人
合上下六百四十八人程

細工人五人

大工四人

水夫百五十人程

対州之商人 町人二十人程

合上下六百四十八人程

細工人が五人

大工が四人

水夫が百五十人程

対州の商人である町人が二十人程

上下を合わせて六百四十八人程[が和館に居住いたしております。]

세공인이 5인

목수가 4인

수부가 150인 정도

타이슈우의 상인인 정인이 20인 정도

상하 합하여 648인 정도[가 왜관에 거주하고 있습니다.]

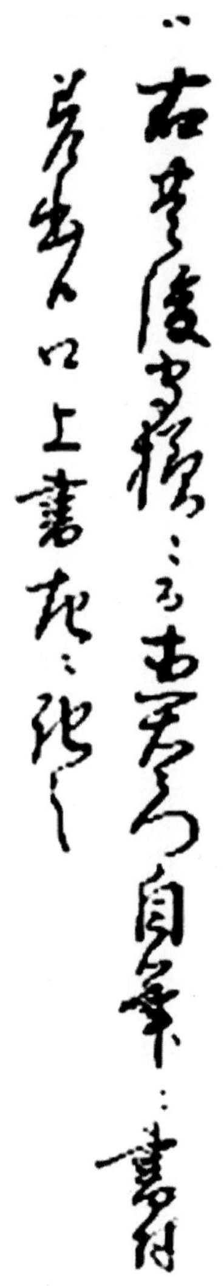
一 右者後[illegible]之[illegible]自筆ニ書付
差出[illegible]口上書[illegible]

(37-10)

〃右豊後守様ニ而直右衛門自筆ニ書付差出候口上書左ニ記之

(37-10)

〃右の如き[書付を]豊後守様方において直右衛門[は差し出した。さらに]自筆にて書付け、差し出した口上書[もある。その自筆の口上書]を左に記しておく。

(37-10)

〃위와 같은 [서부를] 분고노카미사마 측에 나오에몬[이 제출했다. 다시] 자필로 기록하여 제출한 구상서[도 있다. 그 자필 구상서]를 아래에 기록해 둔다.

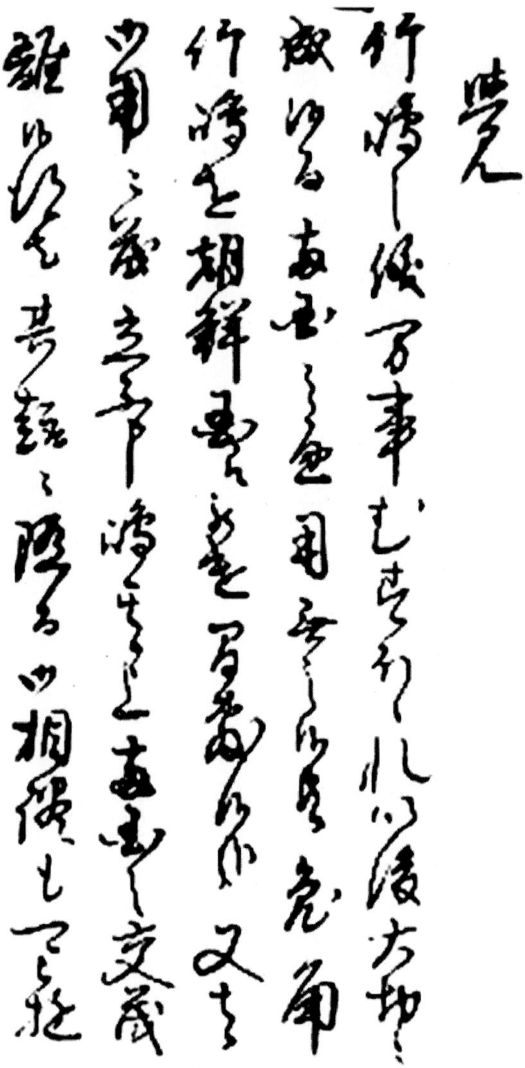

覚

竹嶋之儀万事むすほくれ以後大切ニ成候而両国之通用無之候共兎角竹嶋を朝鮮国江被遣間敷候哉又者御用ニ茂立不申嶋其上両国之交茂離候得者其趣ニ随而御相談茂可被遊

覚

竹嶋[について]の交渉事は、万事が堅く凝り固まってしまいました。以後大変な事態に成り、両国の通用が無くなったとしても、兎も角も竹嶋を朝鮮国へ遣わすような事はしない[そのような事は拒絶する]と言うことなのでしょうか。あるいは又、御用の役にも立たぬような島であり、その上[このままでは]両国の交わりも離れてしまうので[そう成らぬよう]その趣旨に随い[あちらと融和の]御相談をなさる

오보에

죽도[에 대한] 교섭 건은 만사가 막혀 버리고 말았습니다. 이후 큰 사태에 이르러 양국의 통교가 없어지게 된다 해도, 어쨌든 죽도를 조선국에 양도하는 일은 하지 않는다. [그러한 일은 거부한다]는 것일까요. 아니면 또 쓸모없는 섬이고, 게다가 [이대로는] 양국의 교류도 단절되고 말아 [그렇게 되지 않도록] 그러한 취지에 따라 [저쪽과 융화의] 상담을 하실

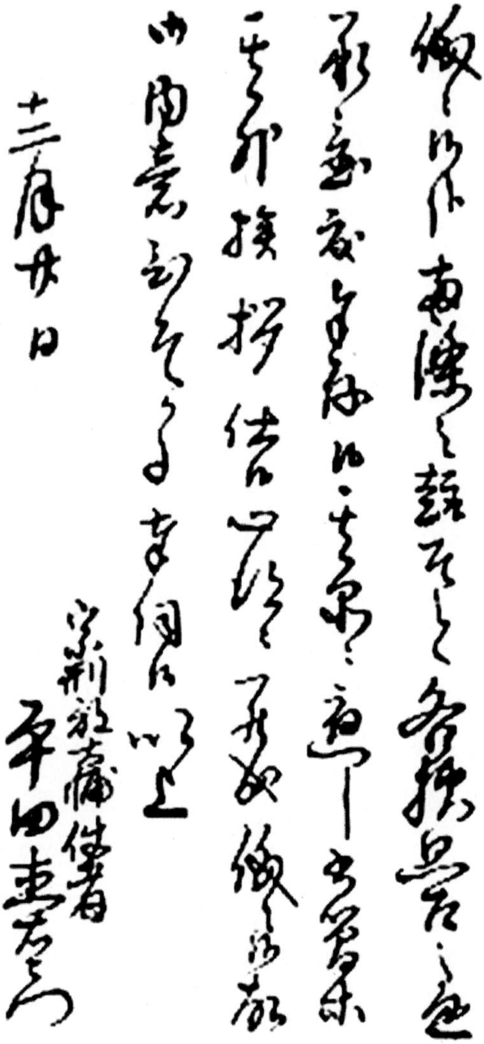
十二月廿日
宗刑部大輔使者
平田直右衛門

儀ニ候哉両条之趣そと各様思召之通承置度奉存候其品ニ応し書簡等其外挨拶仕候心得ニ罷成儀ニ候故御内意ひそかに奉伺候以上

宗刑部大輔使者

十二月廿日　　　　平田直右衛門

必要があるとお考えになるのでしょうか。その両条の[いずれかを選択することになりますが、そのお考えの]趣旨を、そっと[幕閣に列する]各々のお方様にも[お伺いを致したいと存じます。] その[各々様方の]お考えの通りを[予め、こちらも]承って置きたく存じます。[それゆえ]その[お方様の]品階(地位、位階)に応じ、書簡等、その外の[物を持参し、御意見を伺いに]御挨拶を致したいと存じます。[今後の交渉に際し、こちらの]心得と成る事でございますので[各々様方の]御内意をひそかに伺って置きたいと存じます。(註12) 以上でございます。

宗刑部大輔　使者

十二月二十日　　　　平田直右衛門

필요가 있다고 생각하고 계시는 것일까요. 이 두 안 중 [한 쪽을 선택하게 되는데, 그 생각의] 취지를 은밀히 [막각에 계시는] 여러분들께도 [여쭈어 보고 싶다고 생각합니다.] 그 [여러분들의] 생각하시는 바를 [미리, 이쪽도] 들어두고 싶습니다. [때문에] 그[분들의] 품계(지위, 위계)에 따라, 서간 등 그 외의 [물건을 지참하여, 의견을 여쭙고] 인사드리고 싶다고 생각합니다. [금후의 교섭에 임해, 이쪽의] 마음가짐이 되는 일이므로 [여러분들의] 본심을 은밀히 들어두고 싶다고 생각합니다. 이상입니다.

교우부 타이후의 사자

12월 20일 히라다 나오에몬

一　日限相切候ニ付去秋右方々書状を以被
催促候得共今以不参候様ニ具ニ被申越候ニ付申来
候付早速急ニ上京之上ニ付対面之上可申達
御出被成候様ニ被成下候様申[illegible]ニ[illegible]
右之儀御内證ニ而申上候宜[illegible]四月[illegible]
候ニ付御請可被成[illegible]如何様ニも[illegible]
御手紙様御頼之儀何分宜敷奉存候

(37-11)

〃同月廿四日三沢吉左衛門方より直右衛門儀唯今罷出候様ニ豊後守様御意之由申来候付早速参上吉左衛門江対面之所御覚書御出し被成御紙面之趣御口上ニ而も被申聞右之段御内証申進候間無御遠慮思召之侭ニ御書付可被下候覚書ニ者書付不申候御手前様御暇之儀何比御願ニ思召候哉

(37-11)

〃同月(十二月)二十四日、三沢吉左衛門方から直右衛門へ、唯今[直ぐ]罷り出る様に豊後守様の御意であると、そのように申して来た。そこで早速参上し、吉左衛門へ対面を致した。すると[御隠居様からの]御覚書を御出しに成られ、御紙面の趣旨や御口上について[今一度こちらに、その内容確認のため]聞き合わせをしたいという事であった。そして[吉左衛門が申すには]右の事は、御内証で申し進めているので、御遠慮無く[直右衛門殿の]お考えの侭に[豊後守様へ申し上げ、その趣旨をここに]御書き付け下され(註13)[と申された。提出なさった刑部大輔様の]覚書には[その事は]書き付けなくて結構である[と、そのようにも、お話し下さった。その上で]御手前様[の御主君の帰国について、その]御暇乞いの件は、いつ頃[公儀へ]御願いをするお考えなのか。

(37-11)

〃동월(12월) 24일, 미사와 요시자에몬이 나오에몬에게 지금 [바로] 출두하라는 것이 분고노카미사마의 뜻이라고, 그렇게 전해왔다.

그래서 서둘러 참상하여 요시자에몬과 대면했다. 그러자 [은거하신 분의] 각서를 내놓으시고, 지면의 취지와 구상에 대해 [다시 한 번 이쪽에 그 내용 확인을 위해] 질문하고 싶다는 것이었다. 그리고 [요시자에몬이 말하길] 위의 일은 비밀리에 진행시키고 있어, 사양하지 말고 [나오에몬도노의] 생각을 남김없이 [분고노카미사마에게 말씀드리고, 그 취지를 여기에] 기록해 주십시오 [라고 말씀하셨다. 제출하신 교우부 타이후사마의] 각서에는 [그 일은] 기록하지 않아도 좋다[고, 그렇게도 말씀하셨다. 그리고] 당신 [주군의 귀국에 있어, 그] 휴직을 요구한 건은 언제쯤 [장군에게] 부탁할 생각인가.

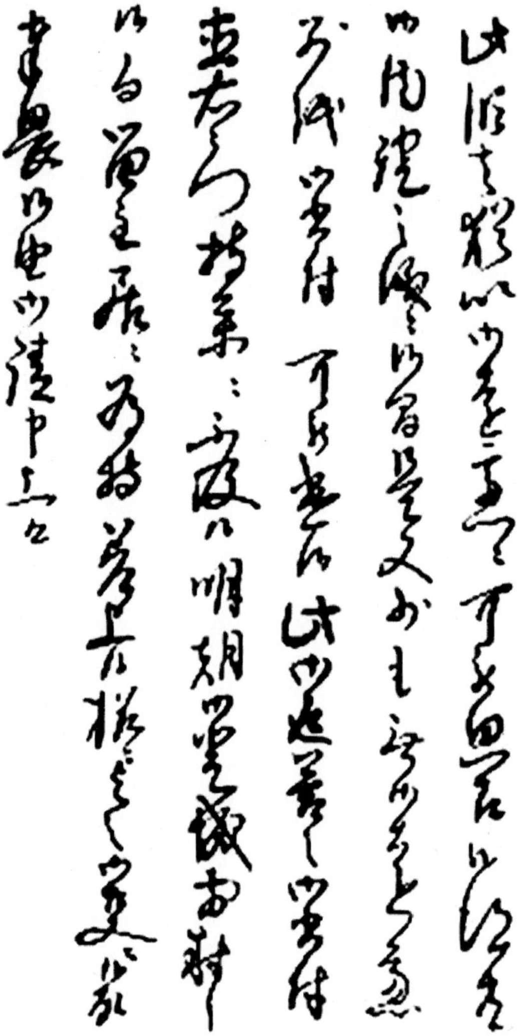

此段者猶以御遠慮ニ可被思召候得共御内証之儀ニ候間是又少も無遠慮別紙御書付可被遣候此御返答之御書付直右衛門持参ニ不及候明朝御登城前対し候而留守居ニ為持差上候様ニ与之御事ニ候故奉畏候由御請申上候

この事は猶以て御遠慮にお考えであろうが、御内証の事であるので、これ又、少しも遠慮無く別紙に御書付けなさり、こちらにお知らせ下さい。この[いつ頃という]御返答の御書付けについては、直右衛門殿が[直接こちらに]持参するには及びません。明朝[豊後守様が]御登城の前に、それに合わせ留守居に持たせ[こちらに寄越し、その書付を豊後守様に]差し上げる様にと、そのような事であった。それゆえ畏まって、御請けを申し上げた。

이 일은 아직 사양하고 계신 것 같으나, 비밀리에 이루어지는 일이므로 이 역시 조금도 주저하지 말고, 별지에 기록하여 이쪽에 알려 주십시오. 이 [언제쯤이라는] 반답의 서부에 대해서는 나오에몬도노가 [직접 이쪽에] 지참하실 것은 없습니다. 내일 아침 [분고노카미사마가] 등성하시기 전에 그에 맞춰 루스이에게 지참시켜 [이쪽으로 보내, 그 서부를 분고노카미사마에게] 올리도록 하라는, 그러한 일이었다. 그래서 황송해하며 명을 받들었다.

〃豊後守様ゟ御渡被成候書付左之通

(37-12)

〃豊後守様より御渡被成候御書付左ニ記之

(37-12)

〃豊後守様から[御隠居様に向けて]御渡しに成られた御書付けを左に記す。

(37-12)

〃분고노카미사마가 [은거하신 분에게] 건네주신 서부를 아래에 기록한다.

覚

一 右の朝鮮書翰ハ和文ゆへんをは何茂朝鮮之
仕志つけ指越く呉候

覚

一 先日朝鮮書翰之和文御見せ候何比朝鮮江使者可被指越与思召候哉

覚

一 先日、朝鮮への書翰の和文を御見せいただいた。いつ頃、朝鮮へ使者を差し渡し[この御申し出を]なさる御積りであろうか。

오보에

1. 전에 조선에 보내는 서간의 화문을 보았습니다. 언제쯤 조선에 사자를 보내 [이 요구를] 하실 생각이신지요.

一 向自分申御對列ニ為候後 仕者可有之
哉と奉存候

一 御自分御暇対州[江]若以後使者可被越与被存候哉

一 御自分の御暇によって対州へ[御帰国となり]もしや、それ以後に[朝鮮へ]使者を差し越すと、そのようなお考えなのであろうか。

1. 자신의 일정에 따라 타이슈우에 [귀국하시고] 혹시, 그 이후 [조선에] 사자를 보낸다는, 그러한 생각이신지요.

一 鶴書之分除候ゝ借リ置候を被成對州へ
何此趣可被仰上候哉
右之通書付を以申上候 以上

一 輪番之外臨時ニ僧差遣候儀対州江何比越候様ニ与被存候哉
　右無御遠慮書付可被遣候以上

一 輪番の[僧の]外に、臨時に僧を差し遣わす事について、対州へいつ頃[その僧が]罷り越して欲しいと思っておられるのか。
　右、御遠慮無く書付けを以て[御返事を]お遣わし下さい。以上。

1. 윤번 [승] 외에 임시로 스님을 파견하는 일에 대해, 타이슈우에 언제쯤 [그 승이] 파견되었으면 좋겠다고 생각하고 계시는지요. 사양마시고 서부로 답변을 보내 주십시오. 이상.

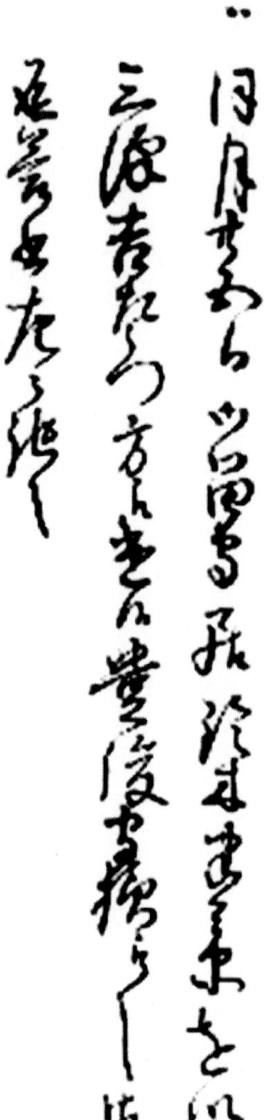

(37-13)

〃同月廿五日御留守居鈴木半兵衛を以三沢吉左衛門方江遣候豊後守様江之御返答書左ニ記之

(37-13)

〃同月(十二月)二十五日、御留守居の鈴木半兵衛を以て、三沢吉左衛門方へ[御隠居様から豊後守様への御返答書を]遣わした。その豊後守様への御返答書を左に記す。

(37-13)

〃동월(12월) 25일, 루스이 스즈키 한베에를 통해 미사와 요시자에몬 쪽에 [은거하신 분이 분고노카미사마에게 보내는 반답서를] 보냈다. 그 분고노카미사마에게 보낸 반답서를 아래에 기록한다.

覚

一 朝鮮之役者共渡海候ハ何れも三月下旬ゟ
四月中ニ可罷渡之由承候ニ

覚

一 朝鮮[江]使者差渡候時分者三月下旬より四月中[ニ]可差渡与奉存候

覚

一 朝鮮へ使者を差し渡す時分についてのお尋ねについて[でございますが]これは三月下旬から四月中に[あちらへ]差し渡したいと思っております。

오보에

1. 조선에 사자를 파견할 시기에 대한 질문에 대해[서 입니다만] 이것은 3월 하순에서 4월 중에 [저쪽에] 보내고 싶다고 생각하고 있습니다.

一 私此船ニ蔵下対州へ差渡候儀茂差渡

中庭申上候以

一 私御暇被成下対州江着以後使者差渡申度奉存候

一 私が御暇と成り、下って対州へ着し、それ以後に使者を差し渡したいと思っております。

1. 제가 휴무를 얻어 내려가 타이슈우에 도착하여, 그 이후에 사자를 파견하고 싶다고 생각하고 있습니다.

一 訥菴之介此件僧ニ申下候也聞候て

三月中 對州ニ来居候ニ相之寺居

一　輪番之外臨時ニ僧被差下儀ニ御座候ハヽ三月中対州江参着候様ニ与奉存候

一　輪番の外、臨時に僧を差し下される事についてで御座いますが、三月中に対州へ参着する様にと[そのような望みを]持っております。

1. 윤번 외에 임시로 스님을 보내시는 일에 대한 것입니다만, 3월 중에 타이슈우에 도착할 수 있도록 [그러한 바람을] 가지고 있습니다.

一
竹嶋之儀朝鮮国之内蔚陵嶋ニ而候由御座候
右之様ニ候ハヽ相互ニ申候而埒明候ハヽ此方ニ
而ハ唐突ニ可存候得共彼方ゟ
申越候事ニ而ハ無之候ニ付此方ゟ相尋候
之趣書付候而自然ニ者御尋も如申
上候六十九年以前三十年以前竹嶋へ
致渡海候日本人有之彼国ゟ障不仕竹嶋ニ而

一　竹島者朝鮮国之内蔚陵嶋ニ而御座候由返翰之写ニ相見申候得共対州より者遠方ニ候故虚実曾而存不申候乍然彼方より申越たる事ニ候故其分ニいたし候而私了簡之趣先頃書付懸御目候其節も如申上候五十九年以前三十年以前竹嶋江罷渡候日本人両度彼国江漂着仕竹嶋ニ而

一　竹嶋は朝鮮国の内の蔚陵嶋であると、そのような事が[あちらからの]返翰の写しに見えます。しかし対州からは遠方であるので、その虚実については全く分かりません。然し乍ら、あちらから申し越して来た[あちら側の]言い分でございますので、それゆえ、その言い分のままに致し置いて、私が思う趣旨を[申し上げます。それは]先頃、書き付けによって御目に掛けた通り事でございます。その節にも申し上げたように、五十九年前そして三十年前に、竹嶋へ渡った日本人[漁民]が、この両度、彼の国へ漂着を致しました。竹嶋にて

1. 죽도는 조선국 내의 울릉도라고, 그러한 일이 [저쪽이 보낸] 반한 사본에 보입니다. 그러나 타이슈우에서는 원방이기 때문에 그 허실에 대해서는 전혀 알지 못합니다. 그러나 저쪽에서 말해 온 [저쪽의] 명분으로, 때문에 그 명분은 그대로 두고, 제가 생각하는 취지를 [말씀드립니다. 그것은] 지난번에 서부로 보여 드린 대로입니다. 그때도 말씀드렸듯이 59년 전 그리고 30년 전에, 죽도에 건너간 일본인 [어민]이 두 번, 그 나라에 표착했습니다. 죽도에서

漢ゟ之船致風漂着仕候由ニ而延ニ及異
由当方使者を以送遣朝鮮国へ之
候ニ付、是者当地参候茂差置、此後
之者共も無之様今ニ而到来朝鮮国ニ
ゟ日本人ゟ罷渡候ゟ候ニ付裁判申付候
被申上候様ニ御取次可被成候 以上

十二月廿六日

宗刑部大輔

漁いたし被放風流着仕候由申候処其趣具〻書簡〻書載候而送来候朝鮮国之内与存候ハヽ其節急度届可有之事〻候得共其断も無之唯今〻至而朝鮮国之内〻候間日本人不罷渡候様〻与被申越候段者彼国之申後〻而御座候与奉存候以上

十二月廿五日　　　　　宗刑部大輔

漁をいたし、風に放たれ流れ着いたものであります。そのようになった由を[あちらにて]申した処、その趣旨を具に書簡に書き載せ[漁民共々こちらに]送り返して来ました。[島が]朝鮮国の内と思っていれば、其の節、必ず、そのように[朝鮮の島に日本人漁民が渡っていたと、こちらに苦情を]届けて来る筈であります。ですが、そのような断りも無く、唯今に至りました。[そして今さらながら]朝鮮国の内である、日本人は罷り渡らぬ様にと、そのような事を申して来ております。これは彼の国の申し後れであると存じます。以上。

十二月二十五日　　　　　宗刑部大輔

어렵하고 폭풍을 만나 표류한 것입니다. 그렇게 된 사연을 [저쪽에] 전하자, 그 취지를 자세히 서간에 기재하여 [어민들을 이쪽으로] 보내왔습니다. [섬이] 조선국 내에 있다고 생각하고 있었다면, 그때 반드시 그렇게 [조선의 섬에 일본인 어민이 건너와 있다고, 이쪽에 불만을] 신고했을 것입니다. 그러나 그 같은 통고도 없이 지금에 이르렀습니다. [그리고 이제서야] 조선국 내이다. 일본인은 건너오지 않도록, 그러한 일을 말해 옵니다. 이것은 그 나라의 때늦은 대처라고 생각합니다. 이상.

12월 25일　　　　　소우 교우부 타이후

覚

私儀使船之儀何比被成下候哉と承知仕度候

申也等被成候二月中旬使船被成下候て発

可申段御心得以上

十二月廿六日

宗刑部大輔

覚

私御暇之儀何比被成下候様ニ与願申候哉之由御尋被成候二月中旬御暇被成下候ハヽ難有可奉存候以上

十二月廿五日　　　　　宗刑部大輔

覚

私の御暇の事について、いつ頃を考え[国元への]下行の願いを申したいのか、御尋ねに成られました。[それゆえ、こちらの希望を申し述べさせていただければ]二月中旬に御暇をいただき下行となれば、有り難く存じます。以上。

十二月二十五日　　　　　宗刑部大輔

오보에

본인의 휴무(귀국허가)에 대해 언제쯤을 생각하고 [쓰시마로] 하행하겠다는 희망을 말하고 싶은가 라고 물으셨습니다. [그래서 이쪽 희망을 말씀드리자면] 2월 중순에 휴무를 받아 내려가게 되면, 감사히 생각하겠습니다. 이상.

12월 15일　　　　　소우 교우부 타이후

≪解説≫

註1、武威を背景とする宗義真の強硬論で、後の東平行の蘭出事件の萌芽を、この意見の中に見ることが出来る。

무위를 배경으로 하는 소우 요시자네의 강경론으로, 후의 동평행 난출사건의 맹아를 이 의견에서 엿볼 수 있다.

註2、宗義真が行った公儀への正式報告書である。この中で義真は、三種の対応を示し、そのいずれの道を公儀は選択するか、回答を求めている。その第一は、日本の島であるときっぱりと言い切り、抑え込んでしまおうというもの。その第二は、あちらの言い分を聞き入れるというもので、上様への報告とその御裁可が必要とするもの。その第三は、取り敢えず強硬策で押し、あちらの対応を見て妥協策に転じるというもの。このうち第二の策は上様への御取次および御案内を必要とするゆえ、幕閣レベルでの処理を越えるものである。そのように上様を持ち出して来た宗義真の真意は、もう少し強硬策で押したいというものであろう。実際には、どの策を採ろうと、将軍の意向を伺わなければならないのであるが、第二の策にのみ、この事を持ち出している。つまり第一の策か第三の策を、公儀に選択して欲しいということである。ここで公儀の了解を取り付け、あらためて朝鮮に向け「公儀の御意向である」と宗義真は強く出たかった。

소우 요시자네가 행한 장군에게 보낸 정식 보고서이다. 이 안에서 요시자네는 3종의 대응을 시사하고 그중 어떤 방안을 장군이 선택할 것인지, 답변을 요구하고 있다. 제1은 일본의 섬이라고 단호히 단언하고 제압해 버린다는 것. 제2는 저쪽이 말하는 명분을 들어주는 것으로, 장군에 대한 보고와 그 허가를 필요로 하는 것으로. 제3은 일단 강경책으로 제압하고, 저쪽 대응을 보아 타협책으로 전환한다는 것. 이 중 제2의 방책은 장군에게 주선 및 안내를 필요로 하기 때문에 막각 차원에서의 대처를 뛰어넘는 것이다. 그렇게 장군을 언급한 소우 요시자네의 진의는, 좀 더 강경책으로 밀고 나가고 싶다는 것일 것이다. 실제로는 어떤 방책을 취하든 장군의 의향을 묻지 않으면 안 되나, 제2책에서만 이에 대해 언급하고 있다. 즉 제1책이나 제3책을 장군이 선택해주길 바란다는 것이다. 여기서 장군의 양해를 얻어, 다시 조선에 [장군의 의향이다] 라고 소우 요시자네는 강하게 나가고 싶었다.

註３、平田直右衛門自身の考え方が、ここに記される。それは宗義真の考えとは異なるものである。平田は島に日本人も朝鮮人も渡っている現実を、そのまま承認する。どちらの国のものか、今となっては、もう見分け難くなっていると。その現実を踏まえた上で、両国の民が入り混じってはならないとする論を展開する。それは密貿易に発展する公算が大だからとする。事実、日本語を解する朝鮮人が、二年連続して島に渡っていた。そのような可能性を、ここで探っていたとも受け取れる。この竹嶋での交易が盛んになれば、それは対馬での交易の妨げとなる。朝鮮との交易は対馬のみでなければならない。そのような対馬藩老としての直右衛門の立場がある。宗義真は十万石格の対馬の名誉のため、敢えて強硬策を取ろ

うとした。つまり名を求めたのである。それに対し平田直右衛門は、対馬の実利を優先させた。朝鮮とことを構えてはならない。この竹嶋一件は譲っても、貿易の継続、そしてその際の銀決済の問題が、円滑に解決すればそれでよい。そのように考えていた。

히라다 나오에몬 자신의 생각이 여기에 기록된다. 그것은 소우 요시자네의 생각과는 다른 것이었다. 히라다는 섬에 일본인도 조선인도 도해하고 있는 현실을 그대로 인정한다. 어느 나라의 것인지, 지금에 와서는 이미 구분하기 어렵다는 것이다. 그 현실을 토대로 양국 인민이 뒤섞여서는 안 된다는 논을 전개한다. 그것은 밀무역으로 발전할 수 있는 우려가 크기 때문이라는 것이다. 사실 일본어를 이해하는 조선인이 2년 연속으로 섬에 도해하고 있다. 그 같은 가능성을 여기서 탐색했다고도 할 수 있다. 이 죽도에서의 교역이 번성하게 되면, 그것은 쓰시마에서의 교역에 방해가 된다. 조선과의 교역은 쓰시마 만이 행해야 한다. 그러한 쓰시마 번노로서의 나오에몬의 입장이 있다. 소우 요시자네는 10만 고쿠 격의 쓰시마의 명예를 위해 일부러 강경책을 취하려 했다. 즉 명예를 원한 것이다. 그에 대해 히라다 나오에몬은 쓰시마의 실리를 우선시했다. 조선과 대립해서는 안 된다. 이 죽도 일건을 양보해도 무역의 지속, 그리고 그때의 은결제 문제가 원활히 해결되면 그것으로 좋다. 그렇게 생각하고 있었다.

註4、これは伊藤小左衛門事件として知られるもの。寛文四年及び五年、筑前博多黒田藩の御用商人伊藤小左衛門が銀元(金主)となり、その手代の高木初右衛門、久兵衛、伝兵衛の三人が手足となっ

て奔走し、朝鮮へ武具を輸出していた事件。筑後柳川藩士で長崎浪人の深見七左衛門や、対馬人の扇格衛門、大久保甚右衛門らが一味として加わっており、博多、長崎、壱岐、対馬、そして朝鮮と、その関与する広がりは大きかった。寛文七年に発覚し、その一味は悉く処刑された。

이것은 이토우 코자에몬사건으로 알려져있다. 칸분 4년과 5년, 치쿠젠 하카다 쿠로다한의 어용상인 이토우 코자에몬이 자금주(은원: 금주)가 되고, 그 테다이(하급역인) 타카키 하쓰에몬, 큐우베에, 덴베에 3인이 수족이 되어 분주히 조선에 무구를 수출하고 있던 사건. 치쿠고 야나가와 번사로 나가사키 낭인 후카미 시치자에몬과 쓰시마의 오우기 카쿠자에몬, 오오쿠보 진에몬 등이 일파로 참가했으며, 하카다, 나가사키, 이키, 쓰시마, 그리고 조선과 같이, 그 관여 범위는 넓었다. 칸분 7년에 발각되어 그 일파는 모두 처형되었다.

註５、阿部豊後守は、この島に両国の民が渡る現実を認め、平田直右衛門の意見を聞き、両国の民が入り混じる事の害を理解した。だが時期を違え別々に渡海する事や、場所を違え別途の場所で漁を行うことについては不可と考えていない。それゆえ島が果たして一島であろうか、あるいは二島であろうか、とも問う。二島ならば別々に分け合い、別途に漁を行う事ができる。そのような事をも考えていた。そして釜山の草梁和館に差し置いている日本人の、その人数を尋ねた。この問い合わせは何のためであったろうか。これは日朝貿易の拠点たる和館の、規模確認のためである。そこは両国の

民が入り乱れる可能性のある場所である。その和館での統制は果たして円滑かどうか、その状況把握のため問い合わせた。両国の民が入り混じっては成らぬと、そのように強く平田直右衛門が言うのであれば、その対馬の管理状況は果たしてどういうものか、ここで改めて問い合わせて見た。鳥取藩にそのような竹嶋経営ができるかどうか、その可能性の検討も、ここにはある。事実、鳥取藩へ、この後、竹嶋の実情を問い合わせている。

아베 분고노카미는 이 섬에 양국의 인민이 도해하는 현실을 인정하며, 히라다 나오에몬의 의견을 듣고 양국 인민이 뒤섞이는 폐해를 인정했다. 그러나 시기를 달리하여 따로 도해하는 일이나, 장소를 달리하여 다른 장소에서 어렵하는 일에 대해서는 불가하다고 생각하고 있지 않다. 그래서 섬이 과연 1도인가, 혹은 2도인가 물었다. 2도라면 따로 나누어, 별도로 어렵할 수 있다. 그러한 일도 생각하고 있었다. 그리고 부산 왜관에 주둔시킨 일본인의 인원수를 물었다. 그 질문은 무엇 때문이었을까. 이는 조일 무역의 거점인 왜관의 규모를 확인하기 위한 것이다. 그곳은 양국 인민이 뒤섞일 가능성이 있는 곳이다. 그 왜관의 규제는 과연 원활한지 어떤지, 그 상황을 파악하기 위해 질문했다. 양국의 인민이 뒤섞여서는 안 된다고, 그렇게 강하게 히라다 나오에몬이 말한다면, 그 쓰시마의 관리상태는 과연 어떠한가, 여기서 새삼 묻고 있다. 돗토리한이 그러한 죽도 경영을 할 수 있는지 없는지, 그 가능성의 검토도 이곳에 있다. 사실 그 후 돗토리한에 죽도의 실정을 질문하고 있다.

註6、平田直右衛門は宗義真の意見を伺って見ると答え、この一連の遣り取りを引き取った。日本漁民の竹嶋渡海を禁止する。そのことに果たして宗義真は同意するかどうか。そして一方、阿部豊後守の方は鳥取藩の意見を聴取することになる。伯耆からの渡海を禁止する。果たして、それで宜しいのかどうか、互いに、この事の確認を行う。

히라다 나오에몬은 소우 요시자네의 의견을 물어보겠다고 답하고, 일련의 문답을 끝냈다. 일본 어민의 죽도 도해를 금지한다. 그 일에 과연 소우 요시자네는 동의할 것인지 아닌지. 그리고 한편으로 아베 분고노카미는 톳토리한의 의견을 청취하게 된다. 호우키에서의 도해를 금지한다. 과연 그것으로 좋은지 어떤지, 서로 그것을 확인한다.

註7、阿部豊後守は、この後、元禄八年十二月二十四日、鳥取藩江戸屋敷へ、竹嶋に関する七箇条の問い合わせを行っている。次のような問いである。

一、先年竹嶋江伯耆国より相渡候者唐人出合追払候其節唐人何人程島に居り有之候哉弓鉄砲等持居候哉年号月日共委細書付可指上事

二、其以後又罷越候所に其節も唐人出合追払候其節者唐人両人召捕罷越候其節之首尾並に年号月日相調可指上事

三、右之島に有之候品々委細書付可指上事

四、竹嶋東西広さ大概之絵図仕可指上事

五、右島の竹木者如何様成る物有之候哉書付可指上事

六、唐人相渡候時節と伯耆国より相渡候時節と違候様相聞候此段可申上事

七、伯耆之浦より竹嶋まで渡海の里数は幾何程有之候哉竹嶋より朝鮮へ者幾何程可有之候哉此段書付可指上事

鳥取藩は翌十二月二十五日、早速これに対し「七箇条返答書」を報告した。

아베 분고노카미는 이후 원록 8년 12월 24일, 톳토리한에도 저택에 죽도에 관한 7개 조의 질의를 행하고 있다. 다음과 같다.

1. 전년에 죽도로 호우키노쿠니에서 건너간 자들이 조선인을 만나 쫓아냈다. 그때 조선인 몇 사람 정도가 그 섬에 있었는가, 활, 철포 등을 소지하고 있었는가, 연호, 월일 등을 자세히 기록해 보고할 것.
2. 그 이후 다시 도해했을 때, 그때도 조선인을 만나 쫓아냈다. 그때는 조선인 2인을 붙잡아 왔다. 그때의 상황 및 연호, 월일을 정리해 보고할 것.
3. 위의 섬에 있는 것들을 자세히 기록해 보고할 것.
4. 죽도의 동서의 넓이, 대략적인 회도를 만들어 보고할 것.
5. 위 섬의 대, 나무로는 어떠한 것들이 있는가, 기록해 보고할 것.
6. 조선인이 도해하는 시기와 호우키노쿠니에서 도해하는 시기가 다르다고 들었다. 이에 관해 보고할 것.
7. 호우키의 포구에서 죽도까지 도해하는 거리는 어느 정도인가. 죽도에서 조선은 어느 정도의 거리인가. 이를 기록해 보고할 것.

톳토리한은 다음 12월 25일에 서둘러 이에 대한 「7개조 반답서」를 보고했다.

註8、豊後守は両国の間に紛争が生じる事のないよう、是非そのようにしたいと述べている。それゆえ武力解決など、彼の念頭には無い。宗義真が呈示した三案のうち、その可能性に繋がる第一案と第三案には、つまり強硬策には、とても乗る事はできない。しかしだからといって第二案の朝鮮領たるを認め、日本人が渡海し漁を行って来たというこれまでの権益を、全て否定してしまうのは、いかがなものか。そのように思っている。つまり、こちらは島を奪ったわけではない。朝鮮が放棄していた島に渡り、ただ漁を行って来ただけである。永年に亘る実績により、もはや島は日本領のようになってしまったと言う事である。だから島を捨てる、島を返すというのは、日本の立場からは、おかしなことである。そのように考えていた。そこで他に策はないか、今一度、御思案をいただきたいと、豊後守に伝えたのである。

분고노카미는 양국 간에 분쟁이 발생하는 일이 없도록, 꼭 그렇게 하고 싶다고 말하고 있다. 그래서 무력해결 등은 그의 염두에는 없다. 소우 요시자네가 제시한 3안 중, 그 가능성이 있는 제1안과 제3안에는, 즉 강경책에는 좀처럼 찬성하기 어렵다. 그렇다고 해서 제2안대로 조선령임을 인정해 일본인이 도해해 어렵을 해왔던 지금까지의 이권을 모두 부정해 버리는 일은 어떠할까. 그렇게 생각하고 있다. 즉 이쪽은 섬을 빼앗은 것은 아니다. 조선이 방기하고 있던 섬에 건너가, 그저 어렵을 행한 것일 뿐이다. 오랜 세월에 걸친 실적으로, 이 섬은 일본령처럼 되어버렸다는 것이다. 그러므로 섬을 버린다, 섬을 돌려준다고 하는 것은, 일본 입장에서는 이상한 일이다. 그렇게 생각하고 있었다. 그래서 달리 방책이 없는지, 다시 한 번 방책을 구하고 싶다고 분고노카미에게 전한 것이다.

註9、阿部豊後守は平田直右衛門の言う「島への渡海を差し留めてはいかがでしょうか」という提案を受け入れ、日本人の竹島渡海禁止を考慮に入れていた。ただ、こちらから日本人の渡海禁止を伝えるからには、あちらにも、これまで通り、海辺の民へ渡海禁制を徹底して貰わなければならない。言葉には出さないが、そのような阿部豊後守の考えがある。そのように三沢吉左衛門は理解していた。

아베 분고노카미는 히라다 나오에몬이 말하는「섬으로의 도해를 금지하면 어떨까요」라는 제안을 받아들여, 일본인의 죽도도해금지를 방안에 포함시켰다. 다만, 이쪽에서 일본인의 도해금지를 전달한 만큼, 저쪽도 지금까지와 마찬가지로 해변의 인민에게 도해금제를 철저히 명하지 않으면 안 된다. 언급은 안 했지만 그 같은 아베 분고노카미의 생각이었다. 미사와 요시자에몬은 그렇게 이해하고 있었다.

註10、元禄八年十二月十五日の段階で、宗義真が考えていたことは、なお強硬策である。この口上之覚の第一項で、両国の民が入り混じっては拙いと述べ、第二項で日本領としての立場であちらに申し掛けを行いたい旨を申し述べている。しかも第三項で、それは上意であると、明確に公儀の指令であることを伝え、それで解決が付

かなければ武力の行使(島への鎮守部隊の派遣)を提案する。そして第四項で、僅かに言い訳のように、島を捨てるか、双方から渡海しないようにとの提案をする。だがこの案は、こちらの思うようにはならないと、否定的な話で締めくくっている。だがそのような宗義真の強硬策は、阿部豊後守の採用する所ではなかった。但し、この口上之覚の第四項の一(竹嶋を捨てる)そして第四項の二(双方から渡海しない)については、なお充分に検討する価値はあった。それゆえ今一度、考え直してはと宗義真に、遣り取りの中で申し伝えたのである。そして第四項の一(竹嶋を捨てる)という案は、吉左衛門を介して阿部豊後守が伝えたように、日本の立場からはおかしな事である。そこで取るべき手段は、この第四項の二(双方から渡海しない)しか無い、という事になった。

원록 8년 12월 15일 단계에서, 소우 요시자네가 생각하고 있었던 것은 역시 강경책이었다. 이 구상지각 제1항에서 양국민이 뒤섞여서는 안 된다고 언급하고, 제2항에서 일본령이라는 입장에서 저쪽에 전달하고 싶다는 취지를 말하고 있다. 그것도 제3항에서는 그것이 윗분의 생각이라며 분명히 장군의 지령임을 전해, 그것으로 해결되지 않으면 무력 행사(섬의 진수부대의 파견)를 제안한다. 그러나 이 안은 이쪽 생각대로 되지 않는다고, 부정적인 말로 마치고 있다. 그러나 그러한 소우 요시자네의 강경책을 아베 분고노카미가 채용하는 일은 없었다. 단, 이 구상지각의 제4항 1(죽도를 버린다) 그리고 제4항 2(쌍방이 도해하지 않는다)에 대해서는 아직 충분히 검토할 가치는 있었다. 그래서 다시 한 번 재고하면 어떨지 소우 요시자네와의 의견 교환 중에 언급한 것이다. 그리고 제4항 1(죽도를 버린다)안은 요시자에몬을 통해 아베 분고노카미가 전했듯이, 일본 입장에서는 이상한 일이다. 그래서 택해야 하는 수단은 제4항 2(쌍방에서 도해하지 않는다)밖에 없다는 것이 되었다.

註11、十二月二十日に書き記された平田直右衛門から阿部豊後守への口上書である。ここに書き込まれたものは、竹嶋については、どのように考えようと、結局のところ強硬策(武力行使を実行に移す)か融和策(双方で渡海を禁ずる)か、その二つに一つを決定することだと述べたものである。強硬策は取り得ないから、融和策を決断せざるを得ない。それは豊後守もよく承知するところである。だが双方で渡海を禁じても、島は朝鮮に近く、日本からは遠い。日本からの渡海は、これでなくなるであろうが、朝鮮からの渡海は、近いゆえに、禁止であっても、なお漁民どもは渡って行くであろう。今も渡海禁止という事であるが、朝鮮人漁民は渡っている。そのような事も承知しての、双方の渡海禁止の策で、その決断を阿部豊後守に迫るものであった。

12월 20일에 기록된 히라다 나오에몬이 아베 분고노카미에게 보낸 구상서이다. 여기 기록된 것은 죽도에 대해서는 어떻게 생각하든, 결국 강경책(무력행사를 실행에 옮긴다)이나 융화책(쌍방의 도해를 금한다)이나, 그 둘 중 하나를 택하는 일이라고 한 것이다. 강경책은 취할 수 없으므로 융화책을 택하지 않을 수 없다. 그것은 분고노카미도 잘 알고 있는 일이다. 그러나 쌍방에서 도해를 금해도, 섬은 조선에 가깝고 일본에서는 멀다. 일본에서의 도해는 이것으로 끝나게 될 것이나, 조선에서의 도해는 가깝기 때문에 금지당해도 역시 어민들은 건너갈 것이다. 지금도 도해금지라고는 하지만 조선인 어민은 도해하고 있다. 그러한 일도 고려한 후의 쌍방 도해금지책으로, 그 결단을 아베 분고노카미에게 요구한 것이다.

註12、平田直右衛門は阿部豊後守に対し、幕府閣老に対しても意見を聞きたいと訪問の計画を打ち明けている。それは年末の挨拶にかこつけ訪ね廻り、それぞれの意見を伺うというものである。強硬策で行くのか融和策で行くのか、その何れかしか無いこの件に関し、果たしてどちらの政策を採るのがよいのか、各閣老の意見を聞きたいということである。だがそれは本来、阿部豊後守の役割である。つまり、ここで平田直右衛門が口上として述べた事は、阿部豊後守に対し、もはや結論を先延ばしすることなく、素早い決断を促したということである。

히라다 나오에몬은 아베 분고노카미에게 막부 각노의 의견도 묻고 싶다며 방문 계획을 밝히고 있다. 그것은 연말 인사를 빙자한 방문으로, 여러 의견을 청취한다는 것이다. 강경책으로 갈 것인가 융화책으로 갈 것인가, 그중 하나일 수밖에 없는 이 건에 관해 과연 어느 쪽 정책을 취하는 것이 좋을지, 각 각로의 의견을 듣고 싶다는 것이다. 그러나 그것은 본래, 아베 분고노카미의 역할이다. 즉 여기서 히라다 나오에몬이 구상으로 진술한 것은, 아베 분고노카미에게 더는 결론을 미루지 말고, 빨리 결단할 것을 재촉한 것이다.

註13、阿部豊後守は、十二月十一日、十二月十五日、十二月二十日、そしてこの十二月二十四日と、連続して平田直右衛門の意見を聞いている。この十二月二十四日となれば、主君の宗義真の意見とは別に、それと関わりなく直右衛門の意見を、率直に聞きたいというものであった。それは御内証の事であるから、遠慮する事なく、自由に語ってくれとのことである。だがここで平田直右衛門から阿部豊後守に提出された筈の口上書は、記録に無い。それは控えを残さなかったからであろう。それゆえこの『竹嶋紀事』に載せることができなかった。それはまさに御内証の個人的意見で、主君の宗義真の強硬路線と全く異なった意見だったからである。だがおそらく、その直右衛門の意見は、十二月十一日に語った「日本人の渡海の差し止め」というものであったろう。その方針が、この何度にも渡る意見聴取により、繰り返し阿部豊後守に伝えられていった。そして、この日、明確に阿部豊後守の方針となった。そして先にも触れた「七箇条返答書」を鳥取藩に要求することになる。

아베 분고노카미는 12월 11일, 12월 15일, 12월 20일 그리고 12월 24일에 연이어 히라다 나오에몬의 의견을 묻고 있다. 이 12월 24일에는 주군 소우 요시자네의 의견과는 별도로, 그것과는 상관없이 나오에몬의 의견을 솔직히 듣고 싶다는 것이었다. 그것은 은밀히 행해지는 일이므로 주저하지 말고 자유롭게 말해 달라는 것이었다. 그러나 여기서 히라다 나오에몬이 아베 분고노카미에게 제출했을 구상서는 기록에 없다. 그것은 기록을 남기지 않았기 때문일 것이다. 그래서 이 『죽도기사』에 기재할 수 없었다. 그것은 그야말로 은밀히 행해진 개

인적인 의견으로, 주군인 소우 요시자네의 강경노선과 전혀 다른 의견이었기 때문이다. 그러나 아마도 그 나오에몬의 의견은 12월 21일에 이야기한 「일본인의 도해를 금지시켜」라는 것이었을 것이다. 그 방침이 몇 번에 걸친 의견청취를 통해, 반복적으로 아베 분고노카미에게 전달되었다. 그리고 이날, 명확히 아베 분고노카미의 방침이 되었다. 그리고 앞서 언급한 「7개 조 반답서」를 톳토리한에게 요구하게 된다.

색인

(ㄱ)

관수역 243
교우부 타이후 33
김인우 84

(ㄴ)

나가사키 45
나오에몬 21

(ㄷ)

도해금제 346

(ㄹ)

루스이 315

(ㅁ)

모노카시라 299
목수 246, 303

(ㅂ)

번인 209
보행사 243
북경 64
분고노카미 19

(ㅅ)

삼번의 란 278
상매 124
서부 71
서역승 243
선원 246
세공인 246, 303
소우 요시쓰구 21, 37
소우 요시자네 19
소인 245
송도 199
수부 303
스즈키 한베에 325
쓰시마노카미 42

(ㅇ)

아시가루 245
야쿠메테다이 245, 301
여지승람 59
왜관 203
요시자에몬 21
우마마와리 243, 299
우산국 76, 79, 87, 136, 161
울릉도 13, 25, 37, 76, 80, 87, 98, 101, 132, 143, 154, 159, 161, 197, 333
윤번승 31
의사 243
이나바 45
이토우 코자에몬사건 341
임진의 변 136

(ㅈ)

재판역 243, 299
정인 246
죽도 24
죽도도해금지 346
죽도일건 21
지봉유설 59

지증왕 87

(ㅊ)

초량왜관 201
최충헌 80
츄우고쇼우 243, 299

(ㅌ)

태종 84
토쿠가와 히데타다 190
통사 245

(ㅎ)

호우키 63, 190
호코우시 299

(기타)

7개조 반답서 344

권정

1971년 서울 생
서울 영파여고, 이화여자대학교, 동경대학교
현) 배재대학교 교수

「古地圖에 나타나는 日本과 韓國의 世界觀」, 「古代日本과 韓國에 있어서의 古代文字世界의 形成」, 「古代韓國과 日本의 用字法의 研究」, 「韓日古地圖에 나타나는 世界觀」, 「天下圖에 나타나는 世界觀」, 「고대일본과 한국의 자국의식의 비교-철도와 비문을 통해서」, 「신라의 천하로서의 우산국」, 「三國에 있어서의 國王 · 皇帝 · 天皇表記비교」, 「한일건국신화의 허구와 사실」, 「동해의 무구루세미와 부룬세미」, 「고지도에 나타나는 조선 초의 자국인식」, 「죽도도해유래기발서공의 상납」, 「안용복에 관한 한 · 일의 인식」, 「古事記 속의 스사노오」, 「독도에 관한 일본 고문서 연구」
『古事記와 日本書紀』, 『獨島와 竹島』, 『古事記』(상 · 중 · 하), 『禦用人日記』, 『일본은 독도를 이렇게 말한다』, 『內藤正中의 獨島論理』, 『竹島紀事 1-2』, 『竹島紀事 2-2』

메일 shirijung@hanmail.net

오오니시 토시테루

1946年 島根縣隱岐郡西鄕町(現 隱岐의 島町) 生
島根縣立隱岐高等學校, 大阪大學醫學部, 腦神經外科專門醫, 醫學博士
大阪國學院 通信敎育部 卒業, 神職資格(權正階),
大阪市立大學大學院大學 都市情報部 卒業
現) (醫) 厚生醫學會理事長
(社福) 厚生博愛會理事長
隱岐國 原田向山 大山神社 宮司

『레이저 醫學의 臨床』, 『Illustrated Laser Surgery』, 『山陰沖의 古代史』, 『山陰沖의 幕末維新動亂』, 『人肉食의 精神史』, 『柿本人麻呂와 아들 躬都郞』, 『隱岐는 繪島, 歌島』, 『日本海와 竹島』, 『心의 誕生』, 『水若酢神社』, 『續日本海와 竹島』, 『隱州視聽合紀』, 『元祿覺書』, 『竹島文談』, 『竹島渡海由來記拔書控』, 『竹島紀事』(1-1, 1-2, 1-3), 『竹島紀事』(2-1, 2-2, 2-3)

竹島紀事

죽도기사 3-2

초판인쇄 | 2012년 7월 25일
초판발행 | 2012년 7월 25일

편 역 주 | 권정 · 오오니시 토시테루
펴 낸 이 | 채종준
펴 낸 곳 | 한국학술정보㈜
주　　소 | 경기도 파주시 문발동 파주출판문화정보산업단지 513-5
전　　화 | 031) 908-3181(대표)
팩　　스 | 031) 908-3189
홈페이지 | http://ebook.kstudy.com
E-mail | 출판사업부 publish@kstudy.com
등　　록 | 제일산-115호(2000. 6. 19)

ISBN 978-89-268-3436-7 94380 (Paper Book)
978-89-268-3437-4 95380 (e-Book)
978-89-268-2138-1 94380 (Paper Book Set)
978-89-268-2139-8 95380 (e-Book Set)